DÉBUT D'UNE SÉRIE DE DOCUMENTS
EN COULEUR

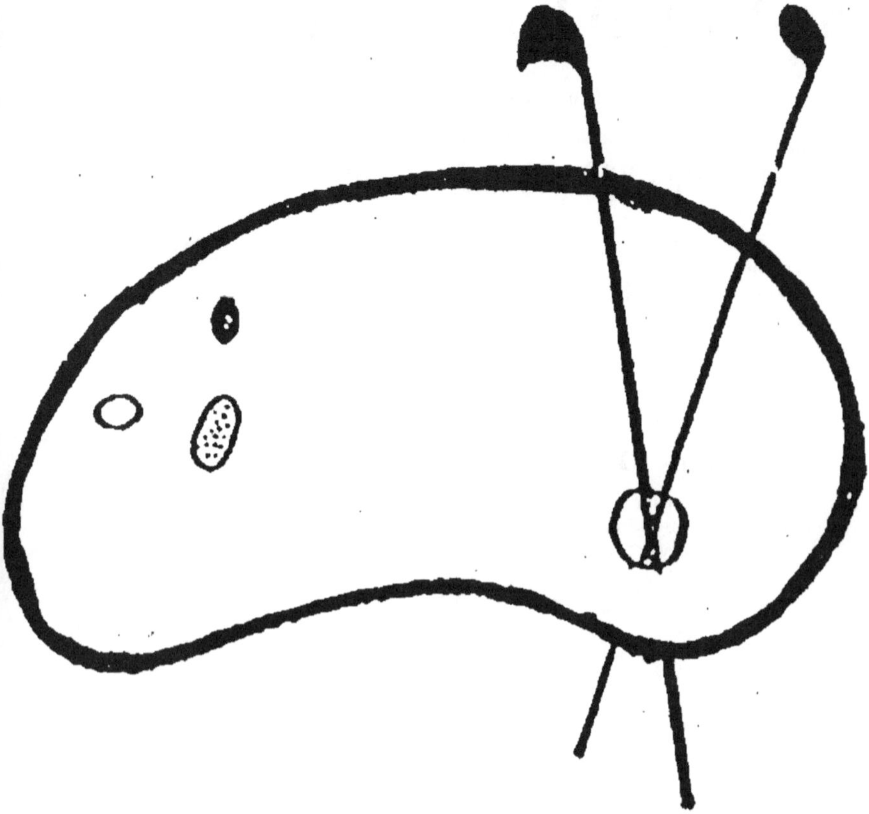

LE
MATÉRIALISME

DEVANT

LA SCIENCE ET LA LOGIQUE

Réponse aux deux Mémoires de M. le Dr Stanski, sur la spontanéité de *la matière*, dans les manifestations physiques et vitales.

PAR

Le Dr L. FAURE

Médecin du Dispensaire et du Bureau de Bienfaisance d'Alger
Membre de l'Institut d'Afrique, des Sociétés de Statistique universelle
de France et d'Anthropologie de Paris, etc.

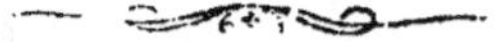

PARIS

CHEZ ELMER, RUE BONAPARTE, 53

1878

DU MÊME AUTEUR :

MÉLANGES D'ANTHROPOLOGIE.

RECHERCHES HISTORICO-MÉTALLURGIQUES, tendant à prouver
que le fer a été le premier métal connu et utilisé par
l'homme.

DE L'UNITÉ D'ORIGINE DES KYMBRIS, DES CELTES, DES
BELGES ET DES GAULOIS.

DE L'EXCELLENCE DES ATTRIBUTS QUI SÉPARENT L'HOMME DES
ANIMAUX. Paris, 1877. In-8°.

Paris. — Typ. Collombon et Brûle, rue de l'Abbaye, 22.

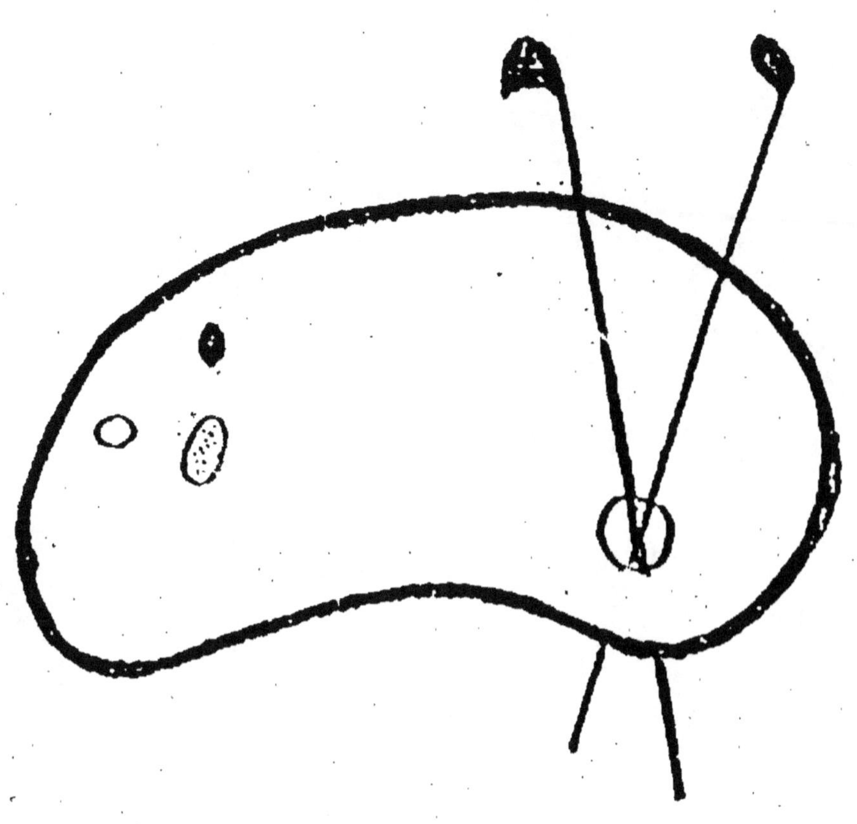

FIN D'UNE SERIE DE DOCUMENTS
EN COULEUR

LE MATÉRIALISME

DEVANT LA SCIENCE ET LA LOGIQUE

LE
MATÉRIALISME

DEVANT

LA SCIENCE ET LA LOGIQUE

Réponse aux deux Mémoires de M. le Dr Stanski, sur la *Spontanéité de la matière*, dans les manifestations physiques et vitales.

PAR

Le Dr L. FAURE

Médecin du Dispensaire et du Bureau de Bienfaisance d'Alger
Membre de l'Institut d'Afrique, des Sociétés de Statistique universelle
de France et d'Anthropologie de Paris, etc.

PARIS
CHEZ ULMER, RUE BONAPARTE, 53

1878

Extrait de la *GAZETTE MÉDICALE DE L'ALGÉRIE*

Scientia est cognitio causarum
per causam.

SAINT THOMAS.

Le replâtrage nouveau des aberrations mentales qui, à toutes les époques, ont travaillé l'esprit humain, voilà en quoi, pour certains, consiste le progrès moderne.

« Le progrès ! Ce mot élastique, que toutes les écoles inscrivent sur leur bannière, n'a plus aujourd'hui de signification déterminée, tant sont nombreuses et profondes les altérations qu'on lui a fait subir ! Le matérialisme le met au service du sensualisme, et le consacre au triomphe de ses doctrines immobiles : il en fait un prétexte, pour légitimer le renversement de toutes les idées qui sont debout depuis des siècles, sans assigner à l'activité humaine un autre but à atteindre.

Scientifiquement parlant, le mot *progrès* a-t-il une valeur quelconque, dans la bouche du matérialisme, qui n'a jamais conduit à la plus simple invention, à la plus insignifiante découverte ?

Le progrès exprime un mouvement, mais un mouvement déterminé d'avance, et auquel on se propose d'arriver, ou dont on veut se rapprocher :

1

or, le matérialisme n'est que le prolongement étiolé d'un siècle, grand surtout par les ruines qu'il amoncela ! Impuissant pour les remettre en œuvre, il n'a pour but que de porter atteinte aux causes finales, qu'il cherche vainement à abolir. Les travaux à jamais impérissables des Cuvier, des Geoffroy-Saint-Hilaire, des de Blainville, des Brongniart, d'Elie de Beaumont, des Dumas, des Gaudin, des de Quatrefages, etc., sont la négation formelle du matérialisme et la preuve irrécusable que, dans la bouche de ses adeptes, le mot *progrès* n'a aucune valeur.

Le spiritualisme seul a droit de parler du progrès et le pouvoir de le démontrer. Toutefois, il ne suffit pas de le dire, il faut encore fournir les raisons à la faveur desquelles il y parvient ; c'est ce que, pour notre compte, nous allons essayer de faire.

LE MATÉRIALISME

DEVANT LA SCIENCE ET LA LOGIQUE

On peut ramener, à mon avis, aux quelques points ci-après, la bruyante doctrine du *matérialisme*, dont à l'époque actuelle, le D‍ʳ Stanski, logicien habile et savant émérite, est sans contredit un des représentants le plus autorisés :

« Nier une cause créatrice extra-matérielle, incompréhensible et impossible à expliquer ; admettre la spontanéité de la matière, partant son éternité et son mouvement, sans souci de faire intervenir à cet égard d'autre cause que les forces primordiales physico-chimiques ; regarder la révélation comme une erreur, un sophisme, cet argument ne pouvant jamais convaincre les hommes qui s'occupent de science positive, et la controverse entreprise avec les sciences naturelles ne pouvant qu'affaiblir l'autorité de la religion lorsqu'on la prend pour point d'appui. »

« Comment peut-on concevoir, poursuit le D‍ʳ Stanski, une force créatrice préexistant à la matière et omnipotente, qui a pu rester inactive avant la création du monde et est retournée à son inertie après l'accomplissement de son œuvre ; et en outre comment en vertu de l'inviolabilité de l'axiome de logique, *il n'existe pas d'effet sans cause*, la cause en question peut-elle exister par elle-même ? »

Voilà autant de sophismes que nous combattrons tour à tour précisément avec la logique et le savoir, ces armes que nos adversaires emploient pour les soutenir, et que nous retournons contre eux.

Pas de métaphysique, nous dites-vous, mais des faits, des faits, seulement, bien observés. Vous avez raison, si vous parlez d'actions physiques, de phénomènes apparents. Qui vous viendra donc en aide pour l'explication philosophique des faits, sinon la méthaphysique ? Ce qui permet à l'homme d'étudier les faits, ce ne sont pas ces faits eux-mêmes, ce sont les idées qu'ils suscitent Ce qui fait progresser la science, ce ne sont pas ces mêmes faits, ce sont les inductions qu'on en tire. Des milliers de générations avaient bien vu tomber les pommes du haut de l'arbre qui les porte, seul Newton eut l'idée d'étudier le fait et sut en déduire la loi qui l'interprète.

Que, pour quelques-uns, le rôle de la science consiste à analyser, à prendre des mesures, à découvrir les lois matérielles qui régissent le monde phénoménal : sur ce terrain ils doivent avoir les coudées les plus franches, de même qu'il doit être libre aussi aux philosophes qui embrassent la science générale dans toute son étendue, de l'étudier dans la métaphysique ; car il n'y a pas de phénomène, si humble qu'il soit, qui ne provoque deux idées, sur lesquelles la méthode expérimentale ne saurait avoir de prise. Nous avons nommé : l'essence du phénomène, la puissance qui le détermine. Le monde sensible ne nous montre que des dehors, des apparences, des effets, — la vraie réalité, la cause substantielle nous échappe.

Nous sommes, pour notre part, pour la plus ample, la plus complète liberté d'examen et de penser ; et nous ne contestons pas plus cette prérogative à la science qui nous passionne, que nous ne l'interdisons à la philosophie qui fait nos délices les plus doux.

Quant à redouter la controverse avec la science naturelle dans la crainte qu'elle puisse dévoiler l'erreur de la révélation, et affaiblir l'autorité de la religion, c'est là une pure chimère qui ne saurait nous effrayer, attendu que, lorsque nous pouvons confronter tous les grands traits de l'histoire sacrée avec les monuments authentiques, ou avec les découvertes positives de la science, nous les trouvons tous d'une exactitude rigoureuse (1).

(1) Lire Volney, *Voyage en Syrie*, t. 1er 200. — Appert: 1° *Expédition scientifique en Mésopotamie*, 2 vol. in-4° avec atlas in-folio, Imprimerie impériale, 1858 à 1862. — 2° Du même, *Etudes assyriennes* 1 vol.

Entrez en discussion avec saint Chrysostome, saint Augustin. saint Thomas; avec Bossuet, de Frayssinous, le père Ventura, dont nous avons entendu notre immortel Arago témoigner des connaissances supérieures et immenses en physique et en histoire naturelle; et votre controverse avec ces célèbres théologiens, fortifiera, loin de l'affaiblir, l'autorité de la religion catholique.

Et d'abord, nous commencerons par avouer franchement, que. quelle que soit la puissance de la logique et de la science, en dépit des discussions les plus lucides, il restera des questions à jamais insolubles. Soutenir le contraire, ce serait une hallucination qui ferait supposer, implicitement du moins, la perfection des organes qui reçoivent les impressions qui, transmises au cerveau, donnent lieu aux sensations : en d'autres termes, la conscience intime de l'existence, hors de nous, des objets qui ont frappé immédiatement ou médiatement nos organes des sens. L'expérience prouve qu'ils ne sont pas assez exquis pour être impressionnés indistinctement, chacun en ce qui le regarde, par tous les objets; qu'il y a des corps qui, par leur ténuité, ne peuvent les affecter que par les effets qu'ils produisent dans des circonstances particulières, et conséquemment dont l'essence restera toujours un secret impénétrable. Est-ce que la lumière, le calorique, l'électricité nous donnent la moindre conscience de leur manière d'être, lorsqu'ils n'agissent pas ou que leur action est latente pour nos organes sensoriaux ? Nous ne faisons que présumer encore, que l'électricité, le calorique, la lumière ne sont qu'un seul et même agent au lieu de trois substances différentes, ou seulement le résultat de la vibration de l'éther. L'affinité n'est-elle pas une entité aussi peu tangible que les lois de Bertholet, qui nous placent en face de mystères que ne sauraient pénétrer l'ingénieuse désassociation de Sainte-Claire Deville et le beau travail de M. Dumas sur les combinaisons chimiques ?

Pour comprendre l'entraînement [qui précipite l'une vers l'autre les molécules qui se cherchent, se joignent, s'échappent des composés qui les emprisonnent, imaginerons-nous l'affinité, alors que, pour expliquer les réactions chimiques, nous

in-8° imprimerie Impériale 1858. — 3° *Rapport à son Exc. le Ministre de l'Ins. pub. sur une mission scientifique en Angleterre et Chronologie assyrienne.* Lire encore, *l'Histoire générale de l'Église depuis l'origine du christianisme jusqu'à nos jours*, par l'Abbé Darras. Dans cet ouvrage, vraiment remarquable à tous égards, l'auteur, familier avec de grandes études, traite, en passant, avec un talent profond et des connaissances positives, tous les sujets de polémique actuelle.

sommes forcés de les ramener aux lois pures et simples de la statique ?

Mais, dans l'ordre physique, à chaque pas, nous rencontrons des mystères impénétrables à la raison humaine et, dans l'ordre intellectuel nous n'en rencontrons pas moins.

Comprenons-nous comment la pensée peut être transmise par la parole, qui n'est que de l'air mis en mouvement et modulé de diverses sortes par l'organe de la voix afin de produire des sons articulés ? Il n'existe cependant aucune similitude, aucune analogie entre l'émanation des sons et l'objet de la pensée !

Considérée philosophiquement, la question de la puissance de la logique nous conduit à celle-ci : L'homme peut-il démontrer la vérité ou la fausseté d'une proposition quelconque, correcte dans sa forme, par le raisonnement seul, c'est-à-dire par la logique privée de données préliminaires fournies par un agent extérieur ? Nous répondons hardiment non. La logique est l'art de raisonner, de déduire ou d'induire (synthèse ou analyse). Déduire, est tirer une conséquence d'un principe ; induire, c'est conclure des faits à la cause qui les détermine Dans les deux cas, l'acte de la raison qui déduit ou induit, réclame des données comme point de départ, comme base de son opération, à savoir : un principe ou des faits. Le raisonnement ne peut se fournir à lui-même le principe, ce n'est pas le raisonnement qui fournit les faits, donc il ne saurait démontrer quoi que ce soit à lui seul, puisque dans aucun cas il ne peut agir sans données empruntées à un agent externe. Ainsi, quand les données font défaut, la logique est fautive, attendu qu'elle est obligée de supposer comme la chose qui ne l'est nullement. Des données insuffisantes conduisent au même résultat.

Après notre argumentation, nous défions le plus fort logicien de nous forcer à reconnaître que : « L'éternité, quant à la « durée ; l'infini, quant à l'étendue ; la spontanéité, quant à « l'action ; et les forces créatrices, quant à l'origine des êtres, « existent dans la matière unie à ces forces primordiales, que « la science appelle forces physico-chimiques. »

Si, dans les sciences, tant de théories, émises depuis longtemps et généralement adoptées, ont été plus tard contredites, renversées par de nouvelles observations et des faits mieux recueillis, c'est que leurs fondateurs, manquant de données certaines, s'étaient trouvés dans l'impossibilité de prendre en considération toutes les conditions du problème à résoudre. Ainsi, par exemple, en cosmogonie, lorsque les physiciens sont restés en contradiction depuis des siècles sur la vraie théorie de l'émanation de la lumière, seul, Moïse a pu formuler cette vraie théorie, par la raison qu'il l'a fait reposer sur des données infaillibles, fournies par la science éternelle, l'infaillibilité par excellence.

Deux systèmes ont été en présence jusqu'à nos jours, pour expliquer la source de la lumière. D'après le premier, qui appartient à Newton, la lumière est émise per les corps lumineux eux-mêmes. Le second, ou la théorie des ondulations, qui revient à Descartes, nous enseigne que tous les mondes baignent dans l'éther répandu dans la nature entière et qui entre en vibrations au plus léger mouvement imprimé, et dont l'agitation donne lieu à la lumière. Les Young, les Fernel, ont donné, par leurs intéressants travaux, leur sanction à ce dernier système; et les expériences d'Arago, à l'aide des verres de Gambey, le mettent à l'abri de toute contestation.

Selon la théorie de Newton, la transmission de la lumière devrait être plus grande et plus rapide à travers un liquide que dans l'air, alors que, d'après le système de Descartes, le contraire doit avoir lieu. Eh bien! les expériences d'Arago ont pu déterminer d'une manière certaine, précise. le retard de la lumière en traversant le liquide. Cette détermination lui a été possible en observant la réflexion de deux rayons lumineux parallèles : l'un transmis à travers l'eau, l'autre à travers l'air, sur un ou plusieurs miroirs, doués d'un mouvement rapide de rotation. L'idée de ce mode d'expérience fut suggérée à l'immortel physicien par l'application que Whalston en avait fait à la mesure de l'électricité.

Aujourd'hui, il est définitivement reconnu que la lumière ne nous vient pas des astres, qu'elle en est indépendante. qu'elle existe dans l'atmosphère comme le fluide électrique existe dans les corps, et qu'elle n'a besoin, comme l'électricité, que d'être excitée pour frapper nos organes. Ce sont les corps que nous appelons lumineux qui ont reçu la propriété d'exciter la lumière, mais qui ne la fournissent pas.

Voilà comment Moïse, qui seul a été pourvu de données et de faits suffisants, a pu, sans crainte d'être démenti par la vraie science, écrire en lettres inspirées que la lumière n'émane pas du soleil. Et, en effet, celle des premiers jours de la création différait essentiellement de celle des astres lumineux. L'une *réservée pour diviser le jour de la nuit et servir de signe pour marquer les temps, les jours, les années.* L'autre destinée à donner la vie à la nature et à la faire se revêtir de toute sa richesse, de sa magnifique splendeur (1). Si, comme l'observe Marcel de Serres, il est rationnel et conforme aux faits de considérer la température élevée du globe aux premières époques comme liée aux émanations d'une vive lumière, ce phénomène était tout à fait indépendant de ceux qui ne se manifestent plus aujourd'hui que par l'action solaire.

La pression la plus ordinaire à laquelle les corps sont soumis, est sans contredit celle de l'atmosphère, dont l'action ne s'exerce librement que sur leur calorique latent lorsqu'ils sont sous forme liquide. Dans cet état, la cohésion de leurs molécules étant presque complétement vaincue, cette pression seule s'oppose à l'intromission de la chaleur. Si la pression atmosphérique venait à faire défaut, celle-ci passerait à l'instant des corps voisins dans l'intérieur des liquides et parviendrait à surmonter leur pesanteur et leur adhérence moléculaire. Alors, elle s'en emparerait pour les dissoudre et leur communiquer ses propriétés mécaniques, son élasticité, son expansibilité, et les corps, de liquides deviendraient gazeux. C'est ce qui arrive à tous les liquides soumis au vide de la machine pneumatique; de là cet axiome en physique, qu'il n'y a de liquide constant à la surface de la terre que parce que nous avons une atmosphère ou un firmament : « Si l'atmosphère venait subitement à disparaître, « tous les liquides s'élanceraient tout à coup dans l'espace, « pour se convertir en vapeur et former une nouvelle atmos- « phère (2). »

Entendez-vous l'émule de Bertholet se mettre d'accord avec la Genèse sur l'origine du firmament ou de cette séparation des eaux inférieures des supérieures? Le firmament n'est réellement que de l'eau véritable passée à l'état de raréfaction ; il sert à nous préserver du froid des espaces interplanétaires. En outre, il contribue à ce que le jour et la nuit ne viennent que par degrés insensibles. S'il n'existait pas, la nuit arriverait sans crépuscule et le jour sans aurore ; nous passerions ainsi sans transition des ténèbres à la lumière, et *vice versa*.

Si, *des dépôts aqueux actuels, nous tirons la conséquence que l'eau a joué un rôle très-important à modeler la surface de la terre*, à notr insu, et contre notre attente, nous donnons gain de cause au texte de la Genèse que nous renions. Soit plutoniens, soit neptuniens, tous sont d'accord sur l'origine du

(1) Dumas, Leçons de statique, 1852. Marcel de Serres : Moïse, édit. 1855.

(2) Monge : Leçons faites à l'École Polytechnique. Ch. 3, p. 29. — 1779.

globe que Moïse lui assigne. Tous veulent que, dès le principe, la Terre ait offert les éléments qui la constituent à l'état de fluidité. Si la Terre et les corps célestes eussent été créés solides, ils auraient pu recevoir une forme quelconque, et nous les verrions encore aujourd'hui avec leur forme primitive. Un corps cubique, par exemple, serait bien resté le même, nonobstant son agitation dans l'espace depuis des milliers d'années

Est-ce que le physicien ignore que toutes les molécules qui composent un liquide, s'attirent réciproquement pour former une masse qui prend bientôt la forme ellipsoïde, forme affectée par un fluide, lorsqu'il est soumis à une rapide rotation ? Mais les gouttes de pluie ne tombent-elles pas sous forme de pois ? Or, les molécules d'un liquide étant ténues, se meuvent, se marient entre elles facilement. Si nous supposons donc qu'un liquide ait affecté la forme ovale, il présentera à la longue, nul obstacle ne s'y opposant, celle d'une boule légèrement aplatie, figure correspondant à toutes les forces qui la sollicitent. Les molécules qui forment la colonne, appuyées sur les extrémités de l'ovale, plus nombreuses que celles qui forment une colonne transversale, s'attirent réciproquement avec une intensité suffisante pour forcer les molécules latérales à s'écarter. C'est à l'aide de cette simple explication, que l'on comprend la forme de la Terre, une sphère aplatie vers les pôles et renflée vers l'équateur.

M. Plateau, célèbre physicien de Gand, a confirmé ce fait par une expérience ingénieuse. Il a fait flotter une grosse boule d'huile dans un mélange d'eau et d'alcool. Cette boule était soutenue par le mélange en question, comme si elle eût été dans l'air sans appui et sans pesanteur. Faisant ensuite tourner le vase qui la contenait avec le liquide environnant, il voyait la boule d'huile s'aplatir légèrement comme la Terre et Mars, lorsque le mouvement était faible, mais avec une vitesse de rotation plus considérable, l'aplatissement était égal, supérieur même à l'aplatissement de Jupiter et de Saturne.

En supposant que la Terre ait été à son origine liquide, comme l'établit formellement le texte sacré (*Spiritus Dei ferebatur super aquas*), l'effet de la force centrifuge, par suite de la rotation du globe sur son axe, a dû nécessairement lui imprimer la forme que nous lui connaissons. Ainsi se comprend la fluidité primitive de notre planète, puis sa solidification à cause de son refroidissement successif. La cause de l'accroissement de la chaleur (un degré contig. par 30 mètres environ), qui s'observe en tout lieu, à mesure qu'on pénètre dans l'intérieur du globe, ne saurait être qu'une chaleur d'origine. La Terre, comme l'entend l'école plutonienne, comme le voulaient Descartes et Leibnitz, mais tous deux sans preuves suffisantes, est devenue actuellement, d'une manière définitive, d'après notre Arago, « un soleil encroûté, dont la haute température pourra être « hardiment invoquée toutes les fois que l'explication des « phénomènes géologiques l'exigera (1). »

Nous pouvons donc avancer, qu'à une époque reculée, la Terre était pénétrée d'un degré de chaleur si intense, que les principes qui la constituaient se montrèrent d'abord gazeux, à ce point qu'elle devait offrir un volume de vapeur plus ou moins dense (chaos des anciens) : *Tenebræ erant super faciem abyssi* (2). La cause, qui avait réduit les corps à la forme de gaz, ayant cessé, le refroidissement dut immédiatement commencer. Les physiciens savent que les corps abandonnent le calorique lorsqu'ils sont dans le vide ou parmi des corps plus froids qu'eux. De ces corps, les uns se refroidissent plus rapidement que les autres, ou passent plus promptement de l'état gazeux à l'état fluide, et de celui-ci enfin à l'état solide.

Il arriva, en conséquence, que les minéraux et les métaux, les granits, les calcaires, le fer, le cuivre, etc., qui exigent une température très-haute pour se maintenir gazeux, devinrent. les premiers, liquides, et formèrent une masse de matière incandescente environnée d'une couche de vapeur, formée par l'eau et les éléments de l'air que nous respirons, l'eau passant à la forme gazeuse à un dégré de température inférieur à celui qui peut fondre un corps solide quelconque. L'observation des nébuleuses a conduit Herschell à établir que les éléments dont les mondes sont formés ont été d'abord éthérés ou des gaz. Parmi ces nébuleuses, il en est un grand nombre qui paraissent indiquer que les molécules gazeuses commencent à devenir liquides pour plus tard se solidifier. Ce célèbre physicien veut, en outre, que la liquidité augmente à mesure que la lumière diffuse perd son intensité.

Si nous rapprochons de l'observation d'Herschell l'opinion de Laplace, d'après laquelle « les matériaux qui composent le globe ont dû être d'abord sous forme élastique, et ont pris successivement, en se refroidissant, la consistance liquide et ensuite se sont solidifiés ; » si nous adoptons cette opinion de Laplace, renforcée par l'hypothèse d'Ampère et les expériences

(1) *Annuaire du Bureau des longitudes*, an. 1836, p. 70.
(2) *Genesis*, cap. 1, verset 2.

de Mitcherlich, qui a composé de toutes pièces et fait cristalliser par le feu de hauts fourneaux plusieurs espèces minérales qui entrent dans la composition des montagnes primitives; si, enfin, il est permis à MM. Raoul Pictet, de Genève, et Cailletet, de Châtillon-sur-Seine, d'obtenir la conversion des gaz en liquides, la sanction de la science touchant l'origine primitive du Globe que nous habitons vient hautement se prononcer en faveur de l'autorité de la Genèse (1).

Par l'effet du refroidissement graduel, les substances liquides à la surface de la masse centrale passèrent, à une époque, de l'état fluide à l'état consistant ; et de même que l'eau, contenue dans un vase, se gèle à sa surface et contre les parois du vase, pendant que celle qui occupe le centre ne se congèle que long-temps après ; pareillement, il se forma un épiderme solide qui recouvrit les matières liquides. A la longue, cet épiderme augmenta d'épaisseur, et il advint une période où la température fut assez basse pour que la vapeur d'eau qui obscurcissait la partie solide se dissipât et tombât en pluie, et que la lumière parût (*Fiat lux et facta est lux*).

L'air et les autres gaz qui ne purent se liquéfier que par un abaissement excessif de température, continuèrent à former une couche de vapeur ou éther autour des liquides ; c'est cette couche que nous nommons l'atmosphère ou le firmament, comme nous l'avons déjà vu. *Dixit quoque Deus fiat firmamentum in medio aquarum, et dividat aquas ab aquis* (Genèse, C. 1, verset 6).

Ce rapide exposé nous conduit encore à reconnaître, sur certains points contestés, l'unanimité qui existe entre la science et la Bible, touchant le déluge universel, l'unité du langage et de l'espèce humaine.

En face des blocs erratiques, du terrain diluvien, des vallées de dénudation, des fossilles, des cavernes à ossements, témoins parlants du déluge ; convaincu par l'autorité des Cuvier, Deluc, Delomieux, Brongniart, Elie de Beaumont, Bukland, etc., etc., dont les études ont été entreprises, à ce sujet, sans idée préconçue et sans esprit systématique, quel est le vrai savant qui oserait aujourd'hui nier le cataclysme universel qui a remanié la terre ? Le déluge mosaïque a laissé des traces si profondément enracinées chez tous les peuples, que la fable elle-même, cette image défiguré de la vérité, se range à son évidence. Court de Gebelin, dans son ouvrage plein d'érudition, *Du Monde primitif,*

(1) Académie des sciences, séance du 24 décembre 1877.

Letronne, dans ses *Recherches sur les zodiaques égyptiens*, rapprochant les déluges de Deucalion et d'Ogygès de celui du législateur israëlite, démontrent que ces trois déluges se confondent entre eux pour n'en former qu'un seul. (Mélanges d'érudition et critiques historiques. Letronne et Court de Gebelin. Bibliothèque classique, célébrités contemporaines.)

De la lecture de Schlegel, Prichard, de Humboldt, Pallas, Balbi, Abel de Rémusat, Champollion, le cardinal Wiseman, etc., etc., nous tirons la preuve que les langues multiples, en s'affiliant entre elles, ne forment qu'un unique tout, dont la confusion et la multiplicité des dialectes et des idiomes, datent de la tentative présomptueuse de l'édification de la Tour de Babel.

De la comparaison des nombreux et divers parlers, de tous les points du globe habité, il résulte un rapprochement et une affiliation évidente qui est la meilleure preuve de leur unique origine. *Erat autem terra labii unius et sermonum corumdem.* Semblables à des fragments groupés, mais désunis, qu'en géologie nous regardons comme les ruines d'une montagne primitive, nous voyons dans ces dialectes les débris d'une ancienne roche commune. L'exacte régularité de leurs angles en plusieurs endroits, les veines d'aspect semblable dont on peut suivre les traces de l'une à l'autre, indiquent que ces fragments ont été autrefois réunis de manière à ne former qu'un seul et unique tout ; tandis que les lignes nettes, abruptes, des points de disjonction, prouvent que ce n'est pas par une séparation graduée ou par une action lente et continue, qu'ils ont été désunis, mais que quelque cataclysme les a tout à coup dispersés en les désagrégeant.

Klaproth et Prichard, etc., etc., qui nous dévoilent admirablement les affinités les plus cachées entre toutes les langues ; Lepsius et le chevalier de Paravey, qui réunissent en une seule famille les deux groupes de langues dites indo-européennes et transgangétiques, donnent raison à Guil. de Humbold, qui soutient : « que, quelque isolées que certaines langues puissent « paraître d'abord, quelques singuliers que soient leurs caprices « et leurs idiomes, toutes ont une analogie entre elles, et leurs « rapports s'apercevront plus facilement à proportion que « l'histoire philosophique des nations et l'étude des langues « approcheront de la perfection. » Par leur réunion, nous ramenons toutes les langues en une seule et unique, et par la philologie nous parvenons à démontrer les affinités existant dans le caractère et l'essence de chaque langue, qui nous prouvent qu'aucune d'elles n'aurait jamais pu se produire sans les

éléments qui fondent leur ressemblance, et permettent leur affiliation. Or, comme ces éléments bannissent l'idée d'emprunts
réciproques et qu'ils ne sauraient être nés dans ces langues par
un procédé indépendant ; et comme les différences radicales des
divers parlers s'opposent à ce qu'ils soient des dialectes ou reje-
tons l'un de l'autre, nous sommes naturellement conduit à cette
conclusion, que d'une part les langues à leur origine ont dû
ne former qu'un seul langage auquel toutes, indistinctement, ont puisé leurs éléments, et, d'autre part, que la séparation qui a détruit les éléments de ressemblances importantes.
ne peut avoir eu lieu par une disjonction graduée, lente, ou
un développement individuel (car ces deux cas nous pouvons
aisément les exclure), mais qu'elle a résulté d'une force extraordinaire, qui seule peut concilier et expliquer tout à la fois un
violent conflit, et en même temps la ressemblance et la différence des langues.

Ainsi, grâce à l'affiliation de celles-ci entre elles, nous
arrivons à l'affiliation ou fraternité des peuples entre eux. et,
quels que soient leurs caractères anthropologiques, nous prou-
vons, non-seulement leur consanguinité, mais encore nous
pouvons parfaitement la constituer scientifiquement.

« La succession des faits antérieurs à l'histoire, en s'effaçant
« avec les siècles, semble nuire à l'évidence de ce fait savoir
« celui de la fraternité des peuples ; or, ce fait, le plus inté-
« ressant pour l'homme qui pense, s'établit implicitement par
« le rapprochement des langues anciennes et modernes, consi-
« dérées sous leur aspect originaire, et, si jamais quelque
« conception venait multiplier le berceau du genre humain,
« l'identité des langues serait toujours là pour détruire le pres-
« tige, et cette autorité ramènerait, je pense, l'esprit le plus
« prévenu. » (*Etude de l'homme dans la manifestation de ses
facultés*, par le Comte Goulainoff, de l'Académie de Saint-
Pétersbourg. Paris, 1822. page 211).

Si, par l'affiliation des langues entre elles, nous réussissons à
faire la preuve de l'*unité du langage*, c'est par la connexion de
diverses races humaines entre elles et les nuances insensibles par lesquelles elles semblent se fondre l'une dans l'autre
que nous arrivons encore à prouver l'*unité de notre espèce*.

La race blanche, que naturellement nous considérons comme
la race centrale, se rallie aux Mongols par les Finnois et les
Asjachs, qui ont son teint, sa chevelure et la couleur de son
iris ; également par les Tartars, qui passent insensiblement par
les Kirghis et les Yakous dans la race mongole ; et troisième-

ment par les Indous, qui communiquent avec nous au moyen
de la langue sanskrit. Elle est en rapport avec la race nègre
par les Abyssiniens, qui ont un langage sémitique et des traits
européens, et par les Arabes de Souaskin, qui ressemblent aux
Nubiens; puis viennent les naturels de Mahass, ensuite les
Foulahs et les Mandigues, et ainsi, en avançant jusqu'aux
Congos, les nègres complets et les Hottentots; ces derniers, à leur
tour, sont intimement alliés avec les montagnards de Mada-
gascar, et ceux-ci aux Cochinchinois, aux indigènes des îles
Moluques et des Philippines, dans toutes lesquelles on trouve
une race de noirs montagnards à tête laineuse, et différant par
le langage des autres naturels. Ces noirs se rattachent aux insu-
laires de la Nouvelle-Hollande, de la Nouvelle-Calédonie et
des Nouvelles-Hébrides, qui, eux-mêmes, sont liés par la similitude des coutumes, de la religion et, en partie, des traits
physiques, avec ceux de la Nouvelle-Zélande et d'autres
naturels de la Polynésie; et ainsi, par une dégradation
insensible de teinte, nous arrivons presque aux familles
asiatiques.

La connexion des races animales entre elles, par le passage
de sujets de l'une dans l'autre, et l'analogie qui existe entre
l'homme et l'animal ne pouvaient échapper à la sagacité de
l'un de nos anthropologistes les plus éminents de notre époque.
Aussi M. de Quatrefages applique à la démonstration de l'unité
de notre espèce l'argument sans réplique qu'il affecte à l'unité
de l'espèce animale : « Toutes les fois qu'entre deux formes,
« même très-différentes, on peut établir une série graduée
« d'individus passant de l'une à l'autre par des nuances insen-
« sibles, toutes les fois surtout qu'on voit des caractères s'en-
« trecroiser dans les termes de cette série, on peut assurer que
« les deux formes appartiennent à une même espèce. » (*Unité
de l'espèce humaine.* 1866.)

Nous n'en finirions pas, si nous voulions continuer à pour-
suivre l'accord parfait qui règne entre la *vraie science* et le
récit mosaïque; ces quelques exemples nous suffisent pour que
plus tard nous puissions tirer nos conclusions en faveur de la
cause extra-matérielle.

« Si je me sers, dit Newton, indifféremment des mots attrac-
« tion, impulsion, propension, il ne faut pas croire que, par
« ces mots, je veuille désigner une manière d'action ou sa cause
« efficiente, et supposer qu'il y a réellement une force attrac-
« tive dans les centres, qui ne sont que des points mathéma-
« tiques. La supposition d'une gravité innée essentielle à la

« matière indépendante de la libéralité divine, telle qu'un corps
« puisse agir sur un autre, est une si monstrueuse absurdité,
« que je ne crois pas qu'un homme qui jouit d'une faculté
« ordinaire de méditer sur les objets physiques puisse jamais
« l'admettre. »

Le matérialisme raffiné et qui, tout à la fois, est faible de
méditation et théophobe, met à la place de Dieu *une cause
extra-matérielle, qui est incompréhensible*. Si nous convenons
qu'il est impossible d'expliquer, de comprendre cette dernière,
nous n'en devons pas moins croire à un être éternel quelconque.
En effet, puisque quelque chose est aujourd'hui, il faut logi-
quement que quelque chose ait toujours été; car, si avant tout
ce qui a commencé, rien n'existait, il n'y avait donc que le
néant; et s'il n'y avait eu que le néant, il n'y aurait que
celui-ci encore : mais le néant ne peut rien produire. Il est donc
un être incréé, éternel, existant avant tous les temps; jamais
il n'a commencé, jamais il ne finira. Que cet être soit Dieu ou la
matière, il importe peu dans notre discussion; toujours
nous sommes forcés d'admettre l'éternité d'un être quel qu'il
soit, chose de toutes la plus incompréhensible. Dans le cas où
la matière n'est pas l'œuvre d'un Dieu créateur, à qui rappor-
terons-nous son existence et les lois qui la régissent? car ce
n'est pas au néant, qui ne produit rien. On doit donc avancer
que la matière existe par elle-même, qu'elle a été de toute
éternité, que son essence est d'exister nécessairement, que dès
lors elle est l'être nécessaire, celui dont il est impossible de nier
l'existence, de retrancher la qualité qui fait qu'il est tel corps
sans se contredire ou, en d'autres termes, sans lui accorder
en même temps une cause d'existence et de non-existence.
Par exemple, nier le Créateur ou nier seulement sa puissance, lorsqu'on affirme que la matière n'est pas éternelle :
supposer un liquide sans fluidité, un centre sans circonférence, serait se mettre en contradiction avec soi-même.

Ainsi, lorsqu'on peut, sans se contredire, supposer qu'un être
n'existe pas ou que sa qualité peut être ou changée ou retran-
chée, il n'est pas l'être nécessaire. Il coule de source que notre
raisonnement s'applique aussi aux lois physico-chimiques primordiales, dont, en vertu de l'inviolabilité de l'axiome logique:
Il n'y a pas d'effet sans cause, nous demandons quel en est
le législateur.

Les positivistes nient l'existence de la matière, « qu'ils
considèrent comme une invention de l'imagination, » observe
le Dʳ Stanski, et il fait ressortir avec juste raison que, cepen-

dant, en contradiction avec eux-mêmes, « on trouve dans leurs écrits, à chaque page, les mots *matière, manifestations de la matière.* » Aujourd'hui, des expériences toutes récentes ont prouvé que la manière d'être de la matière n'est qu'une affaire de température, l'oxygène et bien d'autres gaz très-probablement pouvant devenir liquides à une pression de 320 atmosphères et à 140° de froid. Ne serait-ce pas cette instabilité de l'état des corps, connue d'Aristote, qui l'avait engagé à définir la matière *ne quid, ne quandum, ne quale,* rien de déterminé? Génie pénétrant et profond, le précepteur d'Alexandre n'était-il pas arrivé jusqu'à la généralisation, caractère des époques les plus avancées de la science? « Bien plus, selon Geoffroy-Saint-Hilaire, cette « généralisation s'éleva quelque fois à une telle hauteur que, « dépassant la zoologie et l'anatomie comparées ordinaires, ses « conséquences remontent jusqu'aux vérités abstraites de la « zoologie et de l'anatomie philosophiques, jusqu'à la notion « elle-même de l'unité de composition organique, cette conquête « récente encore, inachevée même, de l'esprit humain. » (*Essai de Zoologie générale,* p. 16.)

La matière n'apparaît qu'avec des qualités qui la font telle chose; elle n'aurait donc pu exister de toute éternité, sans offrir des qualités éternelles comme l'éternité, partant indestructibles, immuables. Or, sa mutabilité, sa destructibilité, sont démontrées à chaque instant par les variations incessantes qu'elle subit naturellement, ou par celles que lui suscite la main de l'homme. La matière n'est donc pas éternelle; elle a donc été créée; donc il existe une puissance créatrice extra-matérielle.

La matière n'est pas une fiction de l'esprit, mais une chose réelle, une agrégat de molécules unies entre elles; dès lors, si la matière existe essentiellement, chacune de ses molécules a aussi une existence essentielle, à ce point qu'il serait impossible, sans se contredire, de la supposer non-existante. Ainsi, il n'y aurait pas un grain de sable, une molécule d'air, un atome de matière, dont l'existence ne fût aussi nécessaire que la rondeur est nécessaire au cercle; l'idée de cercle et celle de sa rondeur sont tellement inséparables, qu'il est impossible de les séparer sans être en contradiction avec soi. Or, je le demande, en est-il de même de l'idée d'un atome et de l'idée de son existence, et en quoi, je vous prie, l'essence des choses serait-elle atteinte par la supposition que cet atome ferait défaut? Par conséquent, cet atome n'existe pas rigoureusement, et ce que nous soutenons de l'un, nous pouvons parfaitement le soutenir de tous. La matière n'existe pas par elle-même, donc elle n'est pas incréée.

L'homme ne peut réfléchir à la durée, à l'étendue, sans que l'infini ne se dresse devant lui. La réalité de l'infini est telle que ce n'est que par elle que nous connaissons le fini. « La « mesure de toutes choses, dit Joubert, est l'immobile pour le « mobile, l'infini pour le fini, l'immuable pour le changeant, « l'éternel pour le passager; l'esprit n'est content d'aucune « autre. »

On ne connaît le fini qu'en lui attribuant une limite qui est la négation d'une plus grande étendue; ce n'est donc que la privation de l'infini. Or, on ne saurait jamais se représenter l'absence de l'infini, si l'on ne concevait l'infini même, comme nous ne saurions comprendre la maladie, si nous ne connaissions pas la santé, dont elle est la privation.

L'infini est-il composé de parties? Non. S'il l'était, nous parviendrions à le trouver, en ajoutant incessamment l'unité à elle-même. Or, nous avons beau ajouter les distances aux distances, les années aux années, nous ne pouvons, quoi que nous fassions, atteindre par ce procédé l'infini en *étendue* et *en durée*. Il n'est donc pas mensurable; il ne saurait être formé par la multiplication; il ne peut encore être soumis à la division, car, s'il était divisible, chaque partie serait finie ou bornée; leur réunion formerait l'infini, qui serait composé de parties finies ou limitées ce qui est contraire à la raison, et la choquante contradiction des mots trahit d'ailleurs toute l'absurdité de la pensée qu'ils expriment. L'infini déconcerte la raison, la subjuge toutefois, sans qu'elle cesse d'en être révoltée. L'infini échappe donc à toute logique, à tout entendement, à toute opération de notre intellect. Il est indivisible, il est simple, il est un, il est éternel, puisque les années ajoutées aux années ne peuvent le mesurer. Quel est donc l'être infini, ou l'être éternel? Ce n'est pas la matière, attendu qu'elle est divisible; c'est donc le Créateur de l'univers, immatériel, conséquemment spirituel, intelligent, car il ne peut exister que deux substances incomparables : l'une matérielle, qui, suivant les circonstances, peut immédiatement impressionner nos sens: l'autre spirituelle, source de l'intelligence, et qui ne saurait tomber sous ces derniers.

L'espace, le temps, de la manière qu'on les conçoit, mensurables, composés, divisibles, sont une dépendance de la création de la matière. Le soleil, la lune, servent de *signes pour marquer les temps*, les *années et les jours*; ils n'existent absolument que pour les créatures, et n'ont d'influence que sur elles. L'infini n'a rien de commun avec le temps et l'espace ; il appartient à l'être seul éternel, nécessaire, à la cause première. à la raison générale de tous les êtres. Tout ce qui n'est pas infini est rigoureusement créé. Tout ce que nous pouvons concevoir non existant a commencé. Il n'est ni moment ni succession, *ni progrès, ni déclin*, dans l'infini.

Lorsqu'on ne comprend pas « une cause sans cause, une « force sans substratum, et surtout une force omnipotente qui a « pu rester depuis l'éternité jusqu'à la création du monde sans « manifester son activité :

« Lorsque cette force créatrice préexistante à la matière, non-« seulement offre une inertie éternelle jusqu'au moment de « l'apparition de l'univers, par conséquent de la matière et de « ses forces; mais encore, que, depuis le moment solennel de la « création, cette force toute-puissante est retombée dans son « inertie primitive, puisqu'elle ne se manifeste par aucune « activité postérieure ; »

Lorsqu'on continue en invoquant : « toutes les transforma-« tions incessantes, toutes les évolutions successives de la ma-« tière, dans les règnes inorganique et organique, dont les « formes changent et disparaissent pour renaître encore sous « d'autres apparences, et qui prouveraient que la force créatrice « préexistante à la matière a semblé n'exister que pour la « création, et, cette œuvre accomplie, elle est tombée dans son « inertie première (1), » on ne s'aperçoit pas, sans doute, qu'on accumule des non-sens sur des non-sens.

A la puissance infinie qui ne connait ni progrès ni déclin, avons-nous dit, à quoi bon une *activité* quelconque ? Elle veut que cela soit, et au même instant cela est. Après avoir créé l'univers, convenons que c'est une singulière *inertie*, que de maintenir l'exécution des lois d'ordre et d'harmonie qui le régissent et qui constituent son imposant et son merveilleux aspect !

Mais cette accusation d'inertie est-elle bien fondée et philo-sophique ? En nous appuyant sur les causes physiques mainte-nant en action, nous convenons que la marche de la nature est constante et régulière dans ses opérations. Mais si, dans le court espace de notre existence ou de celle de nos prédéces-

(1) Une fois pour toutes, je fais observer que les passages guillemetés ou soulignés, sans indication d'auteur, sont extraits de l'ouvrage du Dʳ Stanski : *De la spontanéité de la matière.*

seurs, aucune variation n'a pu être notée dans l'uniformité de son œuvre, c'est que le petit segment du cycle de sa durée, que nous avons parcouru, n'est qu'une ligne droite, un élément infinitésimal, dont la courbe ne peut s'apercevoir qu'en la rattachant à une plus longue portion de sa circonférence. L'histoire du monde doit nous convaincre qu'indépendamment des lois partielles que nous connaissons, il y en a eu, auparavant, d'autres plus actives dont l'action est actuellement supendue et tenue en réserve. Il y a eu des époques géologiques où les volcans exerçaient leur furie dans toutes les chaînes des montagnes ; où des lacs se desséchaient ou apparaissaient subitement dans plusieurs vallées ; où des mers rompaient leurs barrières et créaient de nouvelles îles, ou elles abandonnaient leurs lits pour agrandir d'anciens continents ; lorsqu'enfin il existait une puissance de production et d'organisation sur une grande et magnifique échelle ; quand la nature semblait procéder, non pas purement à la rénovation annuelle des deux règnes, mais à la production de siècle en siècle des éléments plus vastes et plus considérables de sa sphère ; lorsque sa tâche ne se bornait pas à émailler les prairies au printemps, ou à découper les côtes par l'action lente mais continue des courants et des marées ; mais lorsqu'elle opérait dans les grands laboratoires de la terre, soulevant les montagnes, déplaçant les mers et donnant ainsi au monde ses grands traits.

« Depuis les temps historiques, des creusements de vallées, « des dépressions de terrains, des formations et des comblements « de lacs, de la mer elle-même, se sont produits. Des faits « nombreux, incontestables, établissent que la partie solide du « globe, tantôt se soulève, tantôt s'abaisse. » (*Discours sur les récolutions du globe*. Traduction des *Principes de géologie*, de Lyell, par A. de Gr., et P., *Ann. du Bur. des Longitudes*, 1830, p, 42 et suiv.)

Comment expliquer ces phénomènes étonnants, si ce n'est en supposant, dans la nature, une double action : l'une régulière dès le commencement et uniforme jusqu'à la fin ; l'autre puissance mystérieuse à la marche lente, bien que se mouvant dans le même plan, le parcourant par degrés imperceptibles, proportionnés aux besoins de la totalité du système. Tel semble être le cours de la nature. Pour n'en citer qu'un exemple, puisé dans l'organisation humaine, qui doit nous être familière, nous demanderons : est-ce que dès le jeune âge, les fonctions de l'hématose, de l'absorption, de la digestion, etc., etc., ne se montrent pas, chez l'enfant, en tout identiques aux fonctions de l'homme fait, avec des variations seulement relatives au degré d'activité ? Ces fonctions commencent à la naissance de l'individu et sont d'une régularité parfaite durant toute la vie. Mais, dans le premier âge, une propriété plastique, que nous ne saurions faire remonter à aucune loi de nécessité, et qui ne dépend pas du cours général de la puissance vitale ordinaire, donne virtuellement la croissance et la solidité au corps, la forme caractéristique de race, le développement graduel et la force aux muscles et aux os ; puis, la maturité humaine étant complète, elle suspend, pour cause et pour un temps, son action, jusqu'à ce que la vieillesse semble rappeler la propriété qui nous occupe à son action extraordinaire, pour effacer l'impression et détruire l'œuvre primitive. De même, nous devons reconnaître que, dans l'enfance du monde, outre l'ordre tracé d'un cours constant et régulier des causes nécessaires pour produire des effets grands et permanents, il a pu exister une puissance devenue inutile, et qui, conséquemment, ne s'exerce plus de notre temps. Nous pouvons donc avancer, que le cours annuel et journalier de la nature, qui nous paraît si uniforme dans son étendue, n'est cependant qu'un élément d'une plus longue période, à la fin de laquelle une action, maintenant assez minime pour passer invisible, semblera grande et importante plus tard par l'agrégation de ses résultats, et paraîtra avoir été déterminée par des lois cachées pour nous dans le mécanisme compliqué de l'univers.

Une des propriétés des corps est de pouvoir être transférés d'un endroit à un autre, de pouvoir être agités. C'est ce qui est appelé mouvement. D'où vient ce mouvement de la matière ? Ce mouvement lui a-t-il été communiqué dès le principe, ou lui est-il essentiel ? Si l'on soutient que le mouvement lui a été communiqué, nous demanderons de qui elle l'a reçu : ce n'est pas d'elle-même ; par la supposition, elle ne le trouve pas dans son propre fonds : c'est d'une cause distincte d'elle-même, d'une cause motrice, et voilà le premier moteur distingué de la matière. On aurait beau mettre à part la force créatrice extra-matérielle, et nous dire que le mouvement a été transmis d'une partie de la matière à l'autre sans cause originelle et extrinsèque de son existence, que c'est une succession sans fin de mouvements qui passent d'un corps à un autre : ce serait vouloir s'abuser soi-même ; il faudrait toujours arriver au premier atome qui a été mu, et nous demanderons, dans ce cas, quelle en a été la cause efficiente ? Si l'on nous répond que ce sont les forces physico-chimiques inhérentes à la matière, en logicien comme autrui, nous demanderons : mais d'où ces forces primordiales tirent-elles leur raison d'être ? Si l'on veut soutenir que la puissance des forces en question provoque le mouvement qui nous occupe, on se jette dans le même embarras que le premier, et plus fort encore, car on a l'idée du mouvement et des forces qui le provoquent, deux choses parfaitement distinctes et que nous pouvons séparer. Car nous pouvons supposer, un corps en repos sans l'anéantir, et nous voyons, qui plus est, un corps rester obstinément immobile s'il n'est ébranlé par un autre. L'idée, par conséquent, d'un corps, n'emporte pas celle du mouvement ; les corps, donc, possèdent toute leur essence, leurs propriétés, sans qu'on leur attribue le mouvement; conséquemment, celui-ci ne leur est pas essentiel ; il leur a donc été communiqué par une cause préexistante.

Lorque les observations géologiques prouvent que tout dans le sein de la terre a eu un commencement, et indique une fin, les matérialistes nous présentent les phénomènes naturels comme une succession, constamment renouvelée, d'êtres variés dans leurs formes, leurs qualités, etc., et, en vertu de leurs affinités ou de leur opposition, tendant à se rapprocher, s'éloigner ou à se réunir, et opérant ainsi des efforts pour arriver à un système de choses où chaque être est mis à sa place. Telle serait l'explication de l'univers physique avec toutes ses beautés, ses innombrables magnificences, avec les animaux et les hommes qui habitent la terre.

D'après cette exposition des phénomènes naturels, il est évident que l'éternité de la succession des êtres variés dans leurs formes, etc., est soumise à cette condition, que les effets produits par les combinaisons de la multitude des parties matérielles sont infinies : *Combinaison* est pris ici pour la disposition de la multitude des parties de la matière, d'où résultent les effets produits par leur affinité ou leur opposition.

Cette question tombe dans le domaine pur de la mathématique et peut être résolue assez clairement pour que les personnes étrangères à cette science en suivent sans difficulté le développement. Afin de simplifier la démonstration, il faut considérer les effets que peuvent déterminer les dispositions les plus insignifiantes, s'élever ensuite par le raisonnement aux dispositions les plus compliquées, à en déduire une formule qui résout la question. — Soit deux molécules de matière en contact : quelles que soient leurs formes, elles ne peuvent fournir que deux résultats. Si leur affinité est réciproque, elles s'uniront ; si elles ont la tendance contraire, elles se repousseront. Les effets résultant de la tendance des deux molécules matérielles sont donc limités. Pour obtenir le nombre des effets produits par la tendance de trois molécules, il importe, après en avoir combiné deux, de combiner la troisième non encore employée avec chacune des deux premières, qu'elles soient ou non mariées entre elles. D'où il arrive que les effets produits par la disposition des deux molécules étant limités, ceux des trois, c'est-à-dire la succession des effets, que leurs tendances peuvent déterminer par leur affinité ou leur répulsion, sont limités à leur tour, et ce que nous disons de deux, de trois molécules de matière, nous pouvons également l'appliquer à quatre, à cinq, à N particules; N spécifiant un nombre quelconque d'atomes matériels et pouvant représenter une infinité de ces derniers.

Pour le calcul il est indifférent que la tendance ait lieu sur la terre seulement ou sur les globes disséminés dans l'espace. De la sorte, N peut désigner les molécules matérielles qui composent l'univers. Si nous exprimons par M tous les effets possibles engendrés par les dispositions de ces molécules, et par T un nombre donnant la quantité moyenne du temps nécessaire à l'accomplissement de l'effet produit par chaque disposition, nous obtiendrons un laps de temps représenté par $M \times T$, ou plus simplement par $M\,T$, pour la durée des effets, suivant les dispositions des molécules de la matière qui composent les globes disséminés dans l'espace, que ces globes n'aient surgi que l'un après l'autre, ou qu'ils aient eu lieu par millions à la fois; que les uns aient mis des milliers d'années à s'achever, qu'à d'autres quelques instants seulement aient suffi. Ainsi la succession des différents êtres, qui ne sont qu'un produit de l'affinité ou de la répulsion des particules matérielles en contact les unes avec les autres, est bornée par le laps de temps exprimé par $M\,T$. Elle n'est donc nullement éternelle, les effets de la disposition matérielle ayant commencé avec les qualités de la matière, puisqu'ils en émanent; mais la matière n'existe réellement qu'avec des propriétés qui font qu'elle est telle ou telle autre chose, qu'elle suscite telle ou telle autre manifestation.

La matière n'a jamais existé sans qualités; car, si elle avait pu être sans en avoir, nous devrions supposer, puisqu'elle en a, ou qu'elles lui ont été données par une cause distincte, séparée d'elle, ce que nous ne saurions admettre sans contradiction, ou qu'elles se sont formées du néant, ce qui serait absurde, le néant ne donnant naissance absolument à rien; la matière n'a donc jamais existé sans qualités, sans manifestations découlant de la disposition de ses parties. Mais la succession des effets, dépendant des dispositions des molécules matérielles, est comprise dans le laps de temps représenté par M T ; elle a commencé avec les manifestations de la matière, qui jamais n'a été sans celles-ci ; donc la matière n'a pu être avant le commencement du laps de temps exprimé par M T ; donc elle n'est pas éternelle ; elle a donc été créée ; donc il existe une force créatrice extra-matérielle. Il est inutile de faire remarquer que, pour le laps de temps qu'exprime M T, le calcul néglige la volonté de la puissance créatrice, qui peut, à son gré, le prolonger ou l'abréger, comme elle l'entend dans sa sagesse.

Si, d'après notre formule, les résultats obtenus par les dispositions moléculaires de la matière ne sont pas éternels, ils diminuent d'intensité à chacun de leurs termes : les grands cataclysmes que les Globes éprouvent à des époques indéterminées donnant lieu à des combinaisons définitives, puisqu'ils changent chaque fois les dispositions des molécules matérielles et qu'ils en rapprochent un certain nombre, qui ont entre elles le plus d'affinité. De là, il advient à la longue une perte de substance sensible dans la structure des êtres organisés, attendu que la substance nourricière perd aussi de sa force, par la même cause. Est-ce que des faits constatés ne confirment pas la justesse de ces conclusions, tirées de notre formule, à savoir : que la matière n'est pas de toute éternité, puisque ses manifestations ne le sont absolument en aucune sorte. Où trouvons-nous, dans le moment présent, de ces animaux à taille et à forme gigantesques, et colossales, à l'instar des animaux antédiluviens ? Que sont les plus grands vertébrés nos contemporains à côté des Mégalosaurus, des Basileosaurus, des Mastodontes, des Mammouths, des Mégalonyx, etc., les uns de 50 pieds de long sur 4 à 5 pieds de tour, les autres monstrueux ? Montrez-moi des cryptogames de 4 à 5 pouces de diamètre, des fougères, des lycopodes arborescents de 50 à 70 pieds de haut ! Les molécules de la matière ont donc perdu de leur force productive ; elles ne sont donc pas de toute éternité, et, comme il a été démontré que la matière ne saurait exister sans qualité, elle n'est pas conséquemment éternelle, ses manifestations ne l'étant pas. Il y a donc un créateur distinct, indépendant de la matière.

Sans doute, on pourrait nous objecter que, d'après les expériences chimiques, les effets déterminés par les combinaisons des molécules matérielles peuvent être infinis, attendu qu'en

solant les unes des autres d'un composé, ces molécules peuvent
parfaitement donner lieu à des résultats identiques au composé
et que l'effet que l'art peut opérer, la nature peut également le
produire; dès lors, notre formule ne contenant pas cette donnée,
elle ne prouverait rien contre l'éternité des phénomènes
naturels.

Cette assertion est des plus aisées à réfuter, lorsqu'on sait
qu'on ne rencontre jamais dans la nature, à l'état de pureté,
à cause de leur grande affinité pour l'oxygène, certains corps,
comme, par exemple, le magnésium, le sodium, le potassium.
De même que nous ne trouvons pas non plus, dans le même
état de simplicité, des corps composés, par voie ignée, des
métaux, et que nous obtenons cependant par l'analyse ou des
combinaisons. Il ne nous est donc pas permis de préjuger que
les forces physico-chimiques de la nature puissent déterminer
les mêmes manifestations que celles de l'art.

La géologie nous prouve que les phénomènes naturels ne
sauraient continuellement durer. — Masse incandescente à son
origine, la Terre était entièrement en feu au sein de l'espace.
Notre globe isolé se refroidit extérieurement et se recouvrit
d'une première couche solide, augmentant à l'intérieur à
mesure que le refroidissement pénétra plus profondément, la
chaleur superficielle diminuant sans interruption, quoique
d'une manière insensible. Ce fait est démontré par les fossiles
des deux règnes que nous trouvons dans les pays les plus
froids et qui, de nos jours, n'ont de représentants que dans la
zone torride. « Suivant toutes les apparences, il est probable
« que la température moyenne de Paris, qui, de nos jours,
« c'est-à-dire de 1776 à 1826, n'avait varié que d'un vingtième
« de degré, a dû être cependant égale à celle qui règne dans la
« Basse-Egypte, au Caire, par exemple. » (Arago.) La géologie
n'assigne-t-elle pas une température différente à chaque époque
qu'elle étudie? et M. Deshayes n'a-t-il pas entrepris l'estimation
thermométrique pour les terrains tertiaires, auxquels il affecte
une température particulière, plus ou moins basse, suivant les
espèces de mollusques dont l'ensemble s'y trouve répandu?

« Et pendant que notre globe, dit Nérée Boubée, se couvre,
« sur tous les points, de nouveaux habitants, qu'à nos yeux
« tout semble promettre une vie plus active et plus durable,
« la Terre ne cesse de perdre, sous nos pieds, sa chaleur natu-
« relle, et tout moyen de remplacer cette chaleur artificielle-
« ment. Telle est la marche naturelle des choses; et, malgré
« nos efforts, malgré les progrès de notre industrie, malgré

« toute notre prévoyance même, devra s'accomplir cette loi de
« la nature qui a marqué le terme de la vie, pour tous les êtres,
« au moment où s'éteint en eux la chaleur qui caractérise
« toute vitalité : les êtres organisés et la Terre entière seront
« livrés aux glaces de la mort. » *(Géologie élémentaire à la portée de tout le monde. Paris, 1833, p. 57.)*

Si la fluidité primitive du globe terrestre a été ignée, la pré-
vision de Nérée Boubée doit s'accomplir dans le sens qu'il
indique. Si, au contraire sa fluidité a été neptunienne, notre
planète et ses habitants finiront par le feu, celui-ci provenant.
d'après Lyell, du dégagement considérable de la chaleur due à
l'accroissement progressif de la densité des couches terrestres
et au mélange chimique des matériaux qui composent l'intérieur du globe.

Ce que nous avançons de la Terre s'applique à tous les globes
de l'espace, indistinctement.

Qu'on ne vienne pas nous objecter que, quant à la Terre et
aux autres planètes, il importe peu, pour la succession constamment renouvelée des êtres, que l'intérieur de ces globes se
refroidisse, puisqu'il suffit pour la continuité des phénomènes
physiques que la chaleur engendrée par le soleil maintienne la
température actuelle de la surface de ces globes. L'astronomie
ne nous permet pas d'avoir une telle croyance. D'après des
observations obtenues à l'aide de télescopes d'une grande puissance amplifiante, on admet de nos jours, que le Soleil n'est
plus un globe de matière toute fluide et incandescente.

Herschell veut que le Soleil soit formé de trois sphères
concentriques: la première, qui se découvre en partant du centre à la circonférence, est la couche de feu, celle qui éclaire;
au-dessus de cette couche, est une atmosphère très-dense —
(sur la transparence ou l'obscurité de laquelle on ne s'accorde
pas), — jouissant d'une faculté de réflexion absolue; enfin, au
centre, serait un espace solide assez froid pour être habité. Ce
serait donc la première sphère qui aurait la propriété de produire la chaleur, son atmosphère étant seule en feu à cause de
la haute température que notre globe lui-même conserve encore.
Le refroidissement solaire, qui ne peut faire de progrès sensibles qu'avec la plus grande lenteur, parce qu'ils s'opèrent sur
un volume prodigieux, parviendra cependant à atteindre ce
degré, que l'atmosphère de l'astre qui nous échauffe et nous
éclaire ne sera plus incandescente et qu'elle aura perdu la propriété de donner naissance aux sensations de la lumière et de
la chaleur. Alors, tous les êtres organisés de la Terre et des

autres planètes seront irrévocablement *voués aux glaces de la mort.*

Dans une *Notice sur la constitution du soleil et ses taches,* qui a paru dans l'*Annuaire du Bureau des longitudes,* en 1871, M. Faye confirme de la manière suivante le refroidissement du soleil : « La masse presque entière du Soleil est dans un état de « fluidité gazeuse, dont le refroidissement superficiel est la « source de tous les phénomènes qu'offre sa surface brillante. « La température va en décroissant de couches en couches vers « l'extérieur. La couche photosphère de ces couches sphériques « est celle où la température se trouve assez basse pour per- « mettre les combinaisons chimiques ou la condensation des « vapeurs métalliques en nuages incandescents, à radiations « intenses, absolument comme, dans notre atmosphère, il existe, « à une hauteur plus ou moins variable, une couche où vien- « nent se condenser les vapeurs aqueuses qui s'élèvent des « mers et du sol. »

La science nous conduit de la sorte à cette conviction, que les effets naturels ne peuvent à jamais durer. Ils ont donc commencé, et, s'ils n'ont pas eu de commencement, comment pourraient-ils finir ? ils seraient ainsi tout à la fois éternels et temporaires !

Le matérialisme moderne n'est pas l'inventeur d'un système qui prend son appui dans la négation sous forme de l'affirma- tion. Nous le trouvons d'abord dans l'ancienne école épicu- rienne et, plus près de nous, dans la philosophie indienne, dont Kanada est l'inventeur. Dans sa philosophie, notre auteur pose, dès l'abord, comme principe de toutes choses, « la matière « telle qu'elle est sous nos yeux ; réduite à l'état le plus pur, « elle est le feu et la lumière, et la lumière, la plus pure « essence de la nature, est Dieu, qui nous enveloppe et nous « anime. » (*Recherches sur l'Asie,* et *Mém. de la Société de Calcutta.* W. Jones.)

De cette philosophie de l'Inde, on a retranché tout le poétique et l'oriental pour mieux l'approprier à la sécheresse et au posi- tivisme de notre époque, qui tend à bannir de l'étude scienti- fique l'esprit, afin de n'accorder qu'aux sens seulement le plein exercice des facultés psychologiques, sans souci de l'interven- tion d'un coadjuteur indispensable et efficient. Ne chercher à découvrir que ce qui frappe la vue, le toucher seulement, s'in- quiétant peu de la cause et de la fin de ce qui est, doit être commandé sans doute pour réagir contre ceux qui négligent l'expérimentation et qui bâtissent *a priori* des théories au mépris des faits, mais cette méthode ne saurait satisfaire le cœur et les aspirations de tous.

L'essentiel n'est pas d'accumuler, de multiplier, d'analyser, de décrire minutieusement les faits, il convient de les généraliser, d'en déduire des conséquences, d'arriver jusqu'à leur cause productrice, sans laquelle il n'est pas de synthèse possible.

Pour la saine philosophie, les faits n'existent pas nécessairement par eux-mêmes, ils sont purement objectifs. Nous ne saurions donc étudier le fait le plus infime, le phénomène le plus insignifiant, sans remonter à l'intervention d'une puissance extra-matérielle, source et centre de toutes choses; de même que nous ne saurions nous complaire dans l'admiration de cette puissance à l'état de pure virtualité, et négliger les phénomènes et les faits qui sont la réalisation mobile, le témoignage parlant de son éternelle et prodigieuse fécondité!

Arrivée à ce point de vue, la science, pour nous, se confond avec la métaphysique, car, si la première nous montre les faits et les phénomènes comme des idées réalisées, la seconde nous dévoile la réalité substantielle vraie de ces phénomènes et de ces faits, comme le résultat de la pensée métaphysique, de cette pensée qui conduit au progrès, qui est la plus éclatante manifestation de la vérité, du beau, dont il est le reflet par excellence.

« Malgré le préjugé contraire, l'école spiritualiste est encore
« la plus active, la plus féconde, et je dirai même la plus
« progressive des écoles contemporaines. Tandis que nous
« marchons, les autres se figent et se cristallisent. Nous
« sommes passés du dogme à la liberté; ils passent, au contraire,
« de la liberté au dogme. Tel sceptique doute de tout, avec
« l'âpreté d'un docteur en Sorbonne. Le positivisme, le
« matérialisme, se forment en églises, et hors de ces églises
« il n'y a pas de salut. L'esprit de secte les asservit; l'esprit
« d'examen nous affranchit. Nous ouvrons nos rangs tandis
« qu'ils ferment les leurs. — Où est le mouvement? où est le
« progrès? où est la vie? » (Paul Janet, *Revue des deux mondes*,
38ᵉ année, liv. 75. 15 mai 1868 : *Le Spiritualisme français*,
2ᵉ liv., page 385.)

Si l'inertie incontestable à la matière lui enlève toute spontanéité, pour la saine philosophie, elle n'a pas, qu'on le veuille ou qu'on le soutienne, d'existence nécessaire par elle-même; elle est purement objective.

« Dans les œuvres de la création, » nous enseigne le célèbre chancelier Bacon, » nous voyons une double émanation de la « force divine : l'une se rapporte à la Puissance, l'autre à la « Sagesse. La première se fait remarquer principalement dans « la création de la matière, et la seconde dans la beauté des « formes dont la matière fut ensuite revêtue. » Nous pouvons donc admettre une création unique, œuvre de la souveraine puissance de Dieu, et des productions successives, œuvre de sa sublime sagesse : 1° la première création, en vertu de laquelle les principes élémentaires, d'où devaient résulter plus tard et successivement les diverses formes minérales, végétales et animales ont commencé d'être ; 2° des produits successifs dans lesquels ces principes élémentaires, agissant en vertu de lois physico-chimiques, édictées par la sagesse divine, dans le commencement, ont enfanté en leur temps les différentes formes qui devaient correspondre aux divers états atmosphériques de la terre. Anaxagore reconnaissait que « l'ordre des êtres, ainsi que leur manière d'exister, est l'œuvre de la force et de la raison d'un esprit infini. »(Cicero, *de Naturâ Deorum,* Cap. 1, °. 62.)

Tous les êtres de la nature doivent obéir aux lois physico-chimiques. Nous rattachons donc la spontanéité de tous les êtres, à un commencement, à une cause, un principe, déterminant leurs manifestations, mais cause purement et simplement matérielle, aveugle, inférieure, subalternisée par une cause clairvoyante, supérieure, divine, qui la commande et à laquelle elle obéit. N'oublions pas que l'homme, tout à la fois matière et esprit, en subissant l'empire des lois physico-chimiques, est encore asservi à des lois psychologiques, qui, avec le concours des premières, forment son unité, substantielle, sa personnalité.

Ainsi, dès que *les eaux furent rassemblées en un seul lieu et que l'aride eût paru,* il fut commandé à la terre de produire, tour à tour, sous l'influence *de la lumière,* les plantes, les arbres, les animaux ; et, de la sorte, à chaque mutation ou phase tellurique, se reproduisit ce mode de génération, jusqu'à l'homme, seul excepté.

Maintenant, si ce mode génésique n'a plus lieu pour les êtres doués d'organes procréateurs, et qui se reproduisent par génération proprement dite, et s'il plaît à la sagesse créatrice de le conserver seulement pour quelques animalcules qui naissent sous certaines influences particulières, il ne saurait être déraisonnable, comme le soutient M. Pouchet : de prétendre

« à *priori* qu'il s'en engendre encore quelques-uns sous
« l'empire de la même loi qui autrefois en fit surgir des
« milliards. »

La spontanéité des êtres comprise dans le sens qu'elle comporte, la logique et la science ont peine à s'expliquer comment le matérialisme se base sur un fondement si fragile et si réfutable, et pourquoi les Panspermistes accusent notre orthodoxie, qui a pour point d'appui les saint Augustin et les saint Thomas, et nous reprochent notre manque de foi et de respect à la Bible? Nous sommes donc hétérogéniste convaincu.

La matière se voit, se sent, se touche, nous pouvons en avoir l'idée. Dieu ne tombe pas sous nos sens ; rien ne nous en procure la connaissance directe. Afin d'expliquer comment nous parvenons à connaître, à comprendre notre Créateur, nous allons rapidement entrer dans quelques considérations psychologiques :

L'homme est un composé substantiel de matière et d'esprit, de corps et d'âme, dont les fonctions des deux substances, quoique distinctes et séparées, doivent se prêter un mutuel concours, pour ne former qu'un seul et même tout, une unique personne. La matière (les sens), par exemple, transmet par le cerveau les impressions venues des objets extérieurs, et c'est l'esprit qui en extrait les idées, les conceptions « intellec- « tus noster secundum statem presentem nihil intelligit sine « phantasmate. » L'âme, toutefois, par son activité virtuelle, peut déroger à cet axiome psychologique.

C'est grâce à cette activité, bien connue d'Aristote, qu'il est permis à l'âme d'avoir des idées auxquelles les sens ne participent pas. Sans elle, on ne saurait convenablement expliquer l'existence en nous de conceptions spirituelles, universelles, qui ne peuvent dépendre des sensations, et que l'instruction préalable n'a jamais précédées. Ce sont précisément ces conceptions qui ont engagé Platon, Descartes, Mallebranche, Leibnitz, à fonder leur théorie des idées innées, en confondant la faculté de former l'idée avec l'idée elle-même. On sait que l'idée innée suppose dans l'esprit l'existence de la pensée de choses distinctes de l'esprit même, et coexistant avec lui, comme partie intégrante de son approvisionnement, et entièrement indépendantes de toute notion venue du dehors. Dugald-Steward, le docteur Reid, l'École écossaise en général, accordent à l'âme *une certaine capacité, une certaine aptitude à recevoir et à retenir les idées*, en maintenant néanmoins que les sens sont l'unique source de ces dernières. Mais la sensation n'est que la simple disposition des sens à accueillir la forme des objets sans leur matière propre, comme la cire reçoit l'empreinte du cachet sans le métal. Les sens sont donc aussi *capables*, *disposés* à recevoir ces formes. Or, de ce que les sens sont aptes à cet effet, il ne s'ensuit pas qu'ils agissent sur ces formes, mais au contraire qu'ils les subissent : ainsi, cette *capacité*, cette *disposition* admise, dans l'âme, à recevoir, à retenir les idées, ne fait pas qu'on lui accorde une propriété intrinsèque d'agir par elle-même.

Les idéalistes, de leur côté, confondent, sous le nom d'idées, les idées proprement dites, que l'âme se crée sur les images, *phantasma*, des objets sensibles, avec les *connaissances* les plus élevées sur les choses qui ne peuvent fournir aucune représentation sensible : telles que la *connaissance de Dieu, la spiritualité de l'âme, nos devoirs envers le Créateur, envers le prochain, envers nous-mêmes*. Au sujet de ces connaissances, fort improprement appelées idées, l'homme ne peut se lesformer par ses propres forces, les tirer de son propre fonds; il doit les recevoir, et les a reçues par une *révélation* que le langage a propagée en tout lieu, chez tous les peuples : « *Non possumus « loqui recte de lumine divino, nisi sumus illustrati lumine « ejus; nam lumen divinum est fons luminis : si mens virtus, « concordia, fides insunt in genere humano, unde potuerunt « diffluere nisi à superis ?* » (Cicero, *De Naturâ Deorum* : C. v. p. 17.)

Nous entretenant du culte des dieux, l'orateur romain enseigne : « qu'il n'y a pas d'esprit assez pénétrant pour découvrir par lui-même les vérités sublimes, si on ne les lui transmet pas. » (*De Oratore*, lib. XXII, p. 125.)

« Notre raison, tenons-nous de Bayle, n'est bonne qu'à former des doutes, à se tourner à droite et à gauche, pour éterniser une dispute; à faire connaître à l'homme ses ténèbres, son impuissance et la nécessité d'une révélation. » (*Dict. phil.*, art. *Manichéen*.)

S'il était admissible que nous eussions tous mission et droit de déterminer nous-mêmes notre foi, notre croyance religieuse, et à cet égard de ne nous en rapporter qu'à nos propres lumières, quelle est la conviction qui serait égale chez deux individus? La croyance de chacun ne se trouverait-elle pas subordonnée à son plus ou moins de capacité, d'intelligence, à la bonté plus ou moins grande de son cœur?

Mais, dans quel chaos ne tomberions-nous pas, alors? en

effet, d'une part, où l'imagination ne pourrait-elle pas nous entraîner? et, d'un autre côté, à quelle distance en arrière resterait l'ignorant sans éducation? où serait donc la justice, si la lumière et les recherches de la raison pouvaient seules nous montrer la vérité?

La tradition, commune à tous les peuples, atteste une révélation orale faite au commencement des siècles au genre humain. Le langage transmis par l'hérédité et ne laissant entrevoir, ni historiquement, ni scientifiquement, la possibilité d'une origine par voie d'invention, rend lui-même un témoignage éclatant à la réalité d'une parole antérieure dont la nôtre est issue. « La parole, dit Guill. de Humboldt, est inexplicable, si on la considère comme liée à un organe, ou comme l'œuvre de notre intellect. » J. J. Rousseau est convaincu, à son tour, « de l'impossibilité, presque démontrée, que les langues aient pu naître et s'établir par des moyens simplement humains. »

Nous ne puisons donc nos connaissances métaphysiques que dans la société, nous ne les recevons que par la parole. La parole est l'expression naturelle, *sine qua non*, de la pensée, qui lui doit sa forme et ses contours; elle est nécessaire pour communiquer en même temps nos idées, et pour que nous puissions avoir de celles des autres une connaissance exacte. Rendonsnous compte, s'il est possible, de certaines idées sans leur expression. Nous pouvons bien nous figurer l'image d'un corps, comme nous nous représentons un tableau déjà vu, mais avoir la conscience d'une pensée déterminée sans le secours de ce qui l'exprime, voilà ce qui pour nous est impossible; si cela ne nous est pas permis aujourd'hui, comment l'homme aurait-il pu par lui-même y parvenir à l'époque où son intelligence venait d'éclore?

Sans la parole, ou le langage phonétique, nos principales facultés intellectuelles restaient inertes et endormies. L'éveil de ces facultés présuppose essentiellement l'action de parler. Toutefois, le langage présuppose, à son tour, un travail spirituel d'une haute portée. « On parle, dit Buffon, parce que l'on pense, et non parce que l'on a un organe pour parler (1). »

Les idées étant la connaissance des objets et de leurs qualités, il est évident que cette appréciation ne peut résulter que

______

(1) Nous avons réfuté, à cette place même, l'innéité du langage, et le système à son sujet soutenu par MM. Littré et Renan.

de la comparaison ; mais celle-ci, quelque légère qu'elle puisse
être, exige l'exercice de l'esprit. Pour comparer, il faut avoir
l'idée de la ressemblance et de la dissemblance ; comparer,
consistant à chercher et à découvrir l'identité ou la divergence
des choses entre elles. Or, avant tout, la comparaison doit rigoureusement être précédée des notions de ressemblance et de
différence, opération mentale qui réclame le même genre de
travail que pour les idées en général, c'est-à-dire une appréciation des objets pour juger en quoi ils se rapprochent ou
s'éloignent entre eux. Nous trouvons donc ici la preuve pa-
tente, que l'homme sans instruction préalable ne saurait utile-
ment employer ses facultés de l'âme pour comparer et avoir la
connaissance de la ressemblance ou de la différence des choses
sensibles. Nous sommes donc naturellement conduit à conclure : que la parole est nécessaire à l'éclosion de la pensée,
car la pensée est indispensable au langage, et sans langage il
ne saurait y avoir de pensée, l'une étant déterminée par
l'autre et leur coexistence étant de rigueur (1). « L'excitant
« fonctionnel du langage, » dit excellemment le docteur
Fournié, dans sa remarquable *Psychologie*, « est une impres-
« sion sentie : pour exprimer une chose par des signes, il faut
« avoir senti cette chose, il faut la voir, il faut l'entendre. »

Le langage prouve donc un rapport certain et primitif entre
la créature et son Créateur : il témoigne, en d'autres termes,
que l'homme, sans la société et l'enseignement, ne saurait ni
parler, ni connaitre les vérités métaphysiques, et ignorerait
Dieu lui-même (2).

Des malheureux, trouvés dans les forêts ou dans des réduits
isolés, et descendus à l'état d'animalité par suite d'abandon
précoce et d'absence de communication avec leurs semblables,
poussent bien quelques sons vagues et inarticulés, qui trahis-
sent leurs sensations, mais ils ont toujours paru incapables de
pouvoir transmettre la moindre idée. La stérilité de l'intelli-

(1) Pensée est ici à la place d'idée. Dans le langage ordinaire, ces
deux expressions sont synonymes et s'emploient indifféremment l'une
pour l'autre.

(2) L'homme n'acquérant jamais des idées par l'usage de son intellect
avant d'avoir appris à s'en servir, nous pouvons en conclure, par in-
duction, qu'il a été primitivement instruit par une intelligence supérieure à la sienne, à l'aide de la parole, puisque c'est par elle ou les
signes représentatifs du langage que nous arrivons à distinguer les
objets entre eux.

gence des sourds-muets, et l'impossibilité dans laquelle ils sont de manifester la plus simple pensée, avant d'avoir été élevés, viennent confirmer la page de l'histoire dans laquelle nous lisons que Dieu s'est entretenu avec notre premier père.

Ce fait d'histoire sacrée nous fait demander aux naturalistes les plus érudits de notre époque quel est le zoologiste, l'Aristote de son temps, qui a dénommé les animaux ? N'est-ce pas Adam qui, au fur et à mesure que les animaux passaient devant lui, leur affectait, suivant la révélation divine, le nom propre qu'ils portent encore aujourd'hui, faisant observer que l'appellation de l'être en hébreu détermine sa qualité? Si ce que nous avançons n'est pas, qu'ils s'inscrivent en faux contre notre dire, et nous sommes tout prêts à le soutenir avec les plus solides appuis.

Dans les sciences comme dans les croyances religieuses, il convient d'en appeler aux siècles passés, car l'antiquité peut souvent éclairer l'âge présent. Eh bien! de tout temps, la croyance d'un rapport primitif entre Dieu et l'homme, c'est-à-dire, une révélation a été regardée comme un fait incontestable. L'histoire des anciens peuples doit donc non-seulement la mentionner, mais en indiquer l'époque. Cependant, lorsqu'on examine de près leurs traditions, on s'aperçoit que la plupart n'ont rien d'historique; lorsqu'au contraire, la véritable histoire et tout ce qu'elle a conservé de documents positifs sur les premiers établissements des nations, se trouve renfermé dans le Pentateuque. Si nous ouvrons l'incomparable *Discours sur les Révolutions du Globe*, par Cuvier, nous apprenons que la chronologie d'aucun des peuples d'Occident ne remonte à plus de trois mille ans, aucun d'eux ne peut nous offrir avant cette époque, ni même deux ou trois siècles depuis, une suite de faits liés entre eux par quelque ressemblance. Le nord de l'Europe n'a d'histoire que depuis sa conversion au christianisme. L'histoire de l'Espagne, de la Gaule, de l'Angleterre, ne date que des conquêtes des Romains ; celle de l'Italie avant la fondation de Rome, est inconnue. Nous n'avons, de l'histoire de l'Asie occidentale, que quelques extraits contradictoires qui ne vont avec quelque suite, qu'à vingt siècles seulement.

Hérodote, le premier historien profane, vivait 440 ans avant J.-C., et n'a pas plus de deux mille trois cent cinquante ans d'ancienneté. Les historiens antérieurs qu'il a pu consulter, Cadmus, Phérécyde, Aristée, de Proconèse, n'ont vécu qu'un siècle avant lui,

Antécédemment à ces historiens, il n'existait que des poëtes. Homère, le plus anciens de tous, le maître et le modèle de l'Occident n'a précédé l'âge actuel que de deux mille sept cent ans ou deux mille huit cents ans. Quand les premiers historieus profanes parlent des événements anciens, soit de leur nation, soit des nations voisines, ils ne citent que des traditions orales, et non des ouvrages publiés. Mais si l'antiquité de ces peuples ne remonte pas assez haut pour trouver dans leur histoire la preuve et l'époque d'une religion révélée, il faut alors la chercher chez les peuples qui paraissent les plus anciennement civilisés. Les Indiens, les Chaldéens, les Égyptiens et les Chinois, avec l'aide irrécusable de Cuvier, de Laplace, de Maskeline, de Hereen, de Klaproth, de Champollion, etc., il nous est facile de prouver, que l'histoire de ces peuples ne remonte pas assez haut pour nous guider dans cette recherche. Mais la lecture de tous ces savants auteurs réclamant trop de temps et de loisirs, la première carte de l'*Atlas historique* de A. Lesage (comte de Las Cases), nous suffira pour en fournir la preuve, et nous désigner en même temps l'histoire du peuple qui témoigne hautement en faveur de la révélation.

«Le Pentateuque, nous enseigne Le Sage, forme le monument le plus authentique que l'on connaisse, et renferme un corps de lois qui, par une durée toute merveilleuse, régit encore aujourd'hui un peuple existant.

« Le monde, suivant nos livres saints, n'a pas au delà de sept mille ans d'antiquité, et chaque jour nos lumières acquises viennent à l'appui de ce texte précis de la révélation (1). » C'est une chose bien remarquable que l'aurore de chaque science semble devoir heurter d'abord ce principe essentiel de notre fo religieuse, mais que leurs progrès finissent toujours par lui donner une autorité nouvelle. Ainsi l'histoire, la physique, la géologie, ont donné aux peuples et à la terre des millions d'années. La science perfectionnée a bientôt prouvé que ces exagérations premières venaient du vice des expressions chronologiques, des peuples anciens, ou du défaut de ceux qui plus tard les ont mal interprétées. Ainsi les myriades d'années voulues par les nombreuses dynasties qui ont gouverné l'Égypte, ont disparu, dès qu'il a été prouvé que ces dynasties étaient contemporaines et non successives. On s'est assuré également, que

(1) D'après les calculs de Bermontier, si l'Egypte avait plus de six mille ans, la vallée entre le Nil et la Lybie serait comblée entièrement par les sables venant du désert.

l'antiquité chinoise ne s'élevait pas au delà de huit cents ans avant J.-C., et que celle des Indous demeurait fort au-dessous. On a vérifié que les observations astronomiques chaldéens et celles des Indiens, ne vont, les unes qu'à sept cent cinquante ans avant, et les autres sept cent cinquante ans après l'ère chrétienne.

« Les tables astronomiques des Indous, c'est Laplace qui parle, « supposent des connaissances très-avancées en astronomie ; « mais il y a tout lieu de croire que ces tables ne peuvent « réclamer une très-haute antiquité. » Après être passé à un examen détaillé de la question, à savoir : si les observations qui ont servi de base aux calculs des astronomes indiens, et qui sont datées de 1491 et de 3102 ans avant notre ère, furent jamais *réellement faites*, Laplace conclut qu'elles ne l'ont pas été, et que les tables ne furent basées sur aucune *observation véritable*, attendu que les conjonctions qu'elles supposent ne peuvent avoir eu lieu. »

Même hommage de la part de la physique et de la géologie. Les premiers aperçus de ces sciences réclamaient siècles sur siècles, pour amener la formation matérielle que nous présentent les entrailles de la terre. Or, depuis que l'on a reconnu que les couches sont successives, étrangères entre elles, vieilles peut-être en effet de millions d'années, mais qui, par une observation remarquable et décisive ne présentent nul vestige quelconque de l'espèce humaine ; depuis ce moment, disons-nous, qui a conduit naturellement à isoler la couche qui forme notre sol, et dans laquelle tout proclame à chaque pas la catastrophe diluvienne indiquée par Moïse ; dès lors, les dépouilles des animaux enfouis, le calcul analogique du creusement des fleuves, l'attérissement des côtes dont nous sommes témoins, sont venus certifier et garantir que les premiers travaux physiques de la couche que nous habitons sont très-certainement en dedans des époques indiquées par nos livres saints. Enfin, il n'est pas jusqu'aux progrès de notre civilisation, et à la nomenclature de nos découvertes mêmes, dont on ne puisse faire une échelle approximative pour mesurer avec quelque certitude les temps qui nous ont précédés. Tout ce que nous avons fait dans l'espace de trois à quatre cents ans, nous fait juger de ce qu'on a dû faire avant nous, et nous affirme la jeunesse des nations, attestée par Moïse, »

« Je défendrai une vérité qui me paraît incontestable, et « dont il me semble lire la preuve dans toutes les pages de

« l'histoire, et dans celles dans lesquelles sont consignés les
« faits de la nature : que l'état de nos continents n'est pas
« ancien, qu'il n'y a pas longtemps qu'il a donné lieu à l'em-
« pire de l'homme. » (Dolomieu, *Journal de physique*, 1791,
p. 27). Quelques naturalistes, il est vrai, certifient l'ancienneté
des fossiles humains, mais tant de causes d'erreur peuvent se
rencontrer à cet égard, surtout lorsque ces fossiles gisent dans
les couches inférieures, qu'il est difficile d'être certain qu'ils
sont réellement antérieurs à la formation des terrains qui les
recèlent, et que ce n'est pas par accident qu'ils s'y trouvent
enfouis. Dans le midi de la France, nous trouvons des débris
humains, dans le diluvium, tandis que dans celui du nord,
nous n'en recueillons pas. Cela se conçoit par la raison que les
dépôts diluviens du Midi diffèrent de ceux du Nord, ils n'ap-
partiennet pas au véritable terrain diluvien à blocs erratiques.
Les fossiles méridionaux sont donc plus récents et ne doivent
être rapportés qu'à des phénomènes purement locaux et postérieurs au cataclysme général qui a creusé les vallées, à des
déluges partiels. On doit savoir, que des vestiges humains
trouvés dans le Gard, à Alais, dans du terrain calcaire, que des
géologues avaient regardés comme *très-anciens*, furent reconnus
en 1852, au congrès scientifique de Nîmes, comme reposant sur
du calcaire moderne ou travertin. Pareillement de semblables fossiles, rencontrés en Auvergne, au sein des produits volcaniques,
et signalés encore comme remontant *fort haut*, furent reconnus
aussi, au congrès du Puy en 1836, comme appartenant à l'époque
des derniers volcans éteints dans la contrée de l'Auvergne, et
dont la période avait eu lieu *postérieurement aux dépôts des
derniers terrains de transport diluvien* (Bibl. universelle,
an 1837. *Annales de l'Auvergne*, t. X, p. 383). Dans les mêmes
annales nous lisons : « On doit savoir, que la science n'admet
« pas comme authentiques tous les faits cités pour établir l'exis-
« tence de l'homme à diverses époques géologiques. » Ici nous
sommes naturellement entraîné à nous occuper un instant de
la prétendue mâchoire humaine trouvée en 1863 par M. Bou-
cher de Perthes. D'après le procès verbal de ladite découverte,
*la mâchoire reposait sur des couches supérieures à la craie, et
contrastait par sa couleur brune avec la teinte jaune ou grise
des bancs de craie sur lesquels elle reposait ; en outre, une dent
détachée du maxillaire, etconfiée à M. Falconet, était blanche,
remplie de gélatine, et avait l'air toute fraîche. (Times* et *Revue
Britannique*, novembre 1863). Mais cette *dent toute fraîche*, la

couleur *brune* de la pièce nous renseignent d'autant plus sur son peu de vétusté, « que la date du terrain sur lequel gisait la « mâchoire n'est pas douteux, car ce terrain appartient aux « dépôts meubles sur leurs pentes, *dépôts postérieurs au déluge*, « et où par conséquent il est naturel de trouver des débris de « l'espèce et de l'industrie humaines (Elie de Beaumont, séance « de l'Institut, avril 1863). Au dire de Couerbe, les os humains contiennent 3 p. 100 de matière organique et en perdent 5 p. 100 par siècle ; de sorte qu'arrivés à onze cents ans, on ne doit plus trouver de traces organiques. Partant de ces données, et de celles fournies par l'ancien secrétaire perpétuel de l'Institut de France, nous n'hésitons nullement à reporter la mâchoire, dont a fait tant de bruit en son temps, à une époque très-rapprochée de la nôtre, à peine à quelques trois ou quatre centaines au plus d'années ; en outre d'après le dessin de l'objet en litige, nous ne craignons pas de restituer la mâchoire à un singe anthropomorphe à dentition identique à la nôtre. N'a-t-on pas pu être induit en erreur à Molin-Quinon-lès-Abbeville, comme on l'a été ailleurs au sujet d'un pièce anatomique? Nos savants d'Alger ont bien pris autrefois, pour une main de femme, la patte d'une panthère, que des garçons bouchers avaient décharnée et jetée à dessein sur la voie publique !

Quoi qu'il en soit, si nous revenons à Moïse, comment ne pas apercevoir dans ce patriarche de la révélation les signes éclatants de sa mission divine? Ses écrits, les plus anciens de la terre, sont arrivés jusqu'à nous en dépit des siècles et de leurs nombreux accidents ; et les lois dont il fut l'intérprète régissent encore aujourd'hui un peuple qui, vaincu, proscrit et dispersé parmi toutes les nations, n'a pas cessé d'être une nation.

« Oui, reconnaissons-le, Moïse domine au-dessus des générations et des siècles comme une colonne impérissable de vérité. Hérodote, Manéthon, les marbres de Paros, les historiens chinois, le sanscrit, toutes ces sources les plus anciennes du monde, demeurent de cinq cents ans, de mille ans au-dessous de lui, aucun de ces témoignages antiques ne peut l'atteindre, le contredire ni l'affaiblir ; au [contraire, la nature et les hommes se trouvent de toute part en harmonie parfaite avec ce qu'il dit. Ainsi touchée de cet accord merveilleux, la foi religieuse triomphe ; et frappée d'un tel résultat, l'incrédulité philosophique chancelle ; vaincue par ses propres lumières, elle se voit contrainte d'avouer qu'il y a dans tout cela quelque chose de surnaturel, qu'elle ne comprend pas, mais qu'elle ne saurait nier. »

Si à ce témoignage en faveur de la révélation, nous ajoutons ceux de Daunou (*Chronologie positive*, 1ʳᵉ leçon, p. 12), et de la grande *Encyclopédie* (édit. de Genève, 1799, t. III, p. 120), qui écrit en toutes et grosses lettres : « La chronologie de Moïse n'a pas à redouter la sévérité de la critique, » pas plus, comme nous l'avons vu, qu'elle n'a à craindre la physique et la géologie, il nous sera bien permis, nous l'espérons, de soutenir que les adversaires de la révélation sont battus sur tous les points dont ils ont fait leur soutien. Battus, nous les voyons sur la chronologie générale; battus sur ces zodiaques de Denderah et Desné, dont la date remonte seulement à l'époque de la domination romaine, sur la terre des Pharaons, et auxquels ils se complaisaient à accorder une antiquité des plus fabuleuses. Enfin, nous allons les voir battus encore sur des documents d'histoire égyptienne, dont maladroitement ils voulaient arguer pour accuser l'authenticité de nos livres sacrés. Écoutons à ce sujet une parole non moins autorisée que celle du comte de Las Cases :

Le 23 mai 1821, Champollion-Figeac écrivait à son Mécène, le duc de Blacas : « J'aurai l'honneur de vous adresser sous peu de jours une brochure contenant le résumé de nos découvertes historiques et chronologiques; c'est l'indication sommaire des dates certaines que portent tous les monuments existants en Égypte, et sur lesquels doit désormais se fonder la véritable chronologie égyptienne.

« MM. San-Quintino et Laci trouveront là une réponse péremptoire à leurs calomnies, puisque j'y démontre qu'aucun monument égyptien n'est réellement antérieur à l'année 2200 avant notre ère. C'est certainement une très-haute antiquité, mais elle n'offre rien de contraire aux traditions sacrées, et j'ose dire même qu'elle les confirme sur tous les points. C'est en effet en adoptant la chronologie et la succession des rois données par les monuments égyptiens, que l'histoire d'Égypte concorde admirablement avec les livres saints. Ainsi, par exemple. Abraham arriva en Égypte vers 1900, c'est-à-dire sous les *Rois pasteurs*. Des rois de race égyptienne n'auraient pas permis à un étranger d'entrer dans leur pays. C'est également sous un roi pasteur, que Joseph est ministre en Égypte et y établit ses frères, ce qui n'eût pu avoir lieu sous des rois de race égyptienne. Le chef de la dynastie des Diospolitains, dite la dix-huitième, est le *Rex novus qui ignorabat Joseph*, de l'Écriture sainte, lequel étant de race égyptienne, ne devait pas connaître Joseph, ministre des rois usurpateurs ; c'est celui qui réduisit les Hébreux en esclavage. La captivité dura autant que la dix-huitième dynastie ; et ce fut sous Ramsès V, dit Aménophis, au commencement du quinzième siècle, que Moïse délivra les Hébreux. Ceci se passait dans l'adolescence de Sésostris qui succéda immédiatement à son père, et fit ses conquêtes en Asie, pendant que Moïse et Israël erraient durant quarante ans dans le désert. *C'est pour cela que les livres saints ne doivent pas parler de ce grand conquérant.* Tous les autres rois d'Égypte nommés dans la Bible se trouvent sur les monuments égyptiens, dans le même ordre de succession et aux époques précises où les livres saints les placent. J'ajouterai même que la Bible écrit mieux les véritables noms que ne le font les historiens grecs. Je serais curieux de savoir ce qu'auront à répondre, ceux qui ont malicieusement avancé que les études égyptiennes tendent à altérer la croyance des documents historiques fournis par les livres de Moïse. L'application de ma découverte vient au contraire invinciblement à leur appui. » (*Lettres à M. De Blacas*, relatives au Musée royal égyptien de Turin, 23 mai 1827, 3e Lettre.)

Je livre cette lettre aux contempteurs du texte biblique, leur faisant observer que, pour lire avec fruit le livre sacré, il faut avoir des connaissances générales et spéciales variées, que ne possède pas le commun des lecteurs. A part l'aptitude à saisir le sens figuré, il convient d'être encore assez initié aux sciences naturelles, à la littérature ancienne, afin de pouvoir puiser dans la Bible tout ce qu'elle renferme de remarquable.

C'est ainsi que M. Caillaud, en décrivant les arts et les mœurs de la vieille Égypte, nous fournit l'explication d'une foule de pratiques et d'usages mal compris, et tournés en ridicule en Europe, et néanmoins usités en Orient, et que nous lisons dans les Nombres et le Deutéronome.

Jetez un coup d'œil sur la physique. Elle va vous dérouler ce que nous tenons déjà de la révélation, Voyez ce sphéroïde qui circule autour du soleil, incliné sur le plan de son orbite, de manière à présenter successivement ses hémisphères Nord et Sud aux rayons de l'astre qui l'échauffe et l'éclaire : voyez-le, tournant sur son axe en faisant succéder, pour chacune de ses longitudes, le jour à la nuit, un temps d'activité à un temps de repos ?

La matière qui compose le globe, d'abord chaotique, à l'instar de celles des nébulosités, s'est dégagé de sa première confusion, pour constituer des masses différentes, et surtout les trois couches qui représentent les trois états de la matière : la plus externe forme une atmosphère éthérée, éminemment mobile et transparente, mélange de gaz qui joue un grand rôle dans la composition des corps vivants ; elle pèse sur une couche d'eau, dont elle maintient l'évaporation, et qui, après avoir recouvert toute la planète et avoir remanié ses matériaux, contenue invariablement dans de vastes bassins, occupe encore les trois quarts de la surface du globe. Vient après le sol, très-varié dans sa composition minérale, qui forme directement des masses cristallines, et des couches diverses, déposées par les eaux, durant une longue période de siècles, et dont les dispositions et les dislocations accusent des cataclysmes plus ou moins nombreux. De là un relief terrestre inégal, qui donne des bassins à l'océan, qui élève au-dessus de ses flots des îles, des continents, des plateaux, des montagnes. De là tout un système de configuration géographique, qui diversifie la nature des climats, plus que ne le font les seules différences de l'altitude.

Si, dans le monde inorganique, quelque chose donne l'idée de l'organisation, c'est bien certainement le concours de l'air, de l'eau et du sol, réagissant l'un sur l'autre, et fonctionnant sous l'influence de la lumière, au profit des corps organisés ; de la sorte, s'établit une circulation incessante, qui attire sur les continents, à l'aide de l'atmosphère et par ses mouvements, les eaux de la mer, que l'inclinaison du sol ramène au grand réservoir. Ainsi se constitue un ensemble de modes d'existence, qui non-seulement préparent la surface de la terre à recevoir ses hôtes, mais leur offre la plus grande diversité de conditions topographiques. Si l'inclinaison de l'axe du globe fait passer toutes les zones de la terre par les différentes températures qui leur conviennent, son redressement, au contraire, n'exposerait-il pas son équateur aux feux verticaux du soleil, en même temps qu'il plongerait les terres polaires sous des glaces éternelles, et que les zones tempérées, sous l'influence d'une égalité permanente de saisons, jouiraient d'un simulacre de printemps continuel, toutefois sans été et sans automne, d'où absence complète de vie ? Donnons un soleil à chaque zone, et nous les exposons sans miséricorde à l'incendie de l'équateur. C'est de la sorte que les êtres vivant sur notre planète trouvent dans les diverses latitudes, tour à tour et ininterrompues, les températures les mieux combinées et les plus favorables à l'entretien de leur existence.

Que, dans cette ébauche rapide de cosmographie, le matérialiste, se complaise aveuglément à reconnaître et à admirer les forces de la nature, *des Lois physico-chimiques primordiales*, libre à lui : nous, plus clairvoyants, nous y reconnaissons et admirons la sagesse et la puissance du divin Créateur, que Moïse a inscrit en tête du premier chapitre de la Genèse, qui un instant va nous captiver.

Et d'abord, laissons constater à l'immortel Cuvier : « que les « observations géologiques s'accordent parfaitement avec la « Genèse, sur l'ordre dans lequel ont été successivement créés « les êtres organisés. »

« L'ordre d'apparition des êtres organisés est précisément « l'ordre des six jours, tel que nous le donne la Genèse. Ou « Moïse avait dans les sciences une instruction aussi profonde « que celle de notre siècle, ou il était inspiré. » Voilà ce que nous tenons d'Ampère.

Si nous considérons, avec Marcel de Serres, que la géologie n'existait pas à l'époque à laquelle a été écrit le récit de la création, et que les connaissances astronomiques étaient pour lors peu avancées, nous sommes portés à conclure, que Moïse n'a pu deviner si juste que par suite d'une révélation.

« Au commencement, nous enseigne l'auteur de la Genèse, « Dieu créa les Cieux et la Terre : » puis, ensuite, l'œuvre est poursuivie, et son progrès se déroule insensiblement et ne s'arrête qu'après que l'homme a été mis au faîte de l'édifice. Dans la cosmogonie révélée, chaque créature trouve sa place, et l'admirable ensemble de la création s'harmonise à ravir ; les étages inférieurs concordent avec les supérieurs, la matière informe est fécondée et s'anime par cette seule parole : « Que la lumière soit, et la lumière fut. » Les eaux, le sol, l'atmosphère sont séparés. La terre reçoit l'ordre de produire des plantes, et du fond de l'océan, surgit une multitude d'animaux aquatiques ; les oiseaux peuplent les airs, et les quadrupèdes se répandent sur la terre, que revêt un riche tapis de verdure ; l'homme sort enfin des mains de la puissance créatrice, qui lui donne une compagne d'une nature semblable à la sienne, pour compléter son existence, présider à sa sociabilité, et qu'il place dans un jardin de délices. L'état sauvage est une dégradation une déchéance : l'homme, être parfait à son origine, n'a pas plus été confiné dans une caverne, que les mollusques, les reptiles marins et les poissons n'ont été jetés sur les montagnes ou dans les forêts, et les animaux sauvages et domestiques, abandonnés sur les flots de l'océan ou sur les glaces polaires.

Remarquons que la Genèse, qui refuse à la force physique dont elle dispose la production des êtres vivants, les rattache néanmoins à la nature générale, par les éléments dont ils ressortent et qui les constituent ; c'est que Dieu, qui ordonne aux eaux et à la terre de produire les plantes et les animaux, n'a pas créé exprès pour eux une matière spéciale. A ce sujet, les naturalistes, qui, avec Buffon, admettent une matière organique particulière créé dès le principe, sont non-seulement en opposition avec la Bible, mais moins avancés qu'elle, puisqu'elle établit formellement que le corps de l'homme a été tiré de la terre. « En faisant le monde par sa parole, Dieu montre « que rien ne le peine, en le faisant à plusieurs reprises, il fait « voir qu'il est le seul maître de son action, de toute son en- « treprise » (Bossuet).

Les phases génésiques, admises par le grand Bossuet, à l'imitation du célèbre Bacon, nous font répéter : que nous admettons une création unique, œuvre de la puissance suprême, et des créations successives, œuvre de sa sagesse : une création unique, de laquelle ont émané les principes élémentaires, qui devaient donner plus tard, en leurs temps et leurs lieux, les faunes minérales, végétales, animales ; des productions successives, dans lesquelles ces principes, obéissant aux lois posées par la sagesse divine, dans le commencement, ont engendré les formes qui devaient correspondre aux différents états de la terre et de l'atmosphère.

« La production des êtres vivants n'était complète et ter- « minée que d'une certaine manière, dans le principe et dans « leur cause, en ce sens que la terre et les eaux, en passant « du néant à l'être, avaient reçu en même temps le pouvoir « d'amener au jour et à l'époque fixée les êtres vivants, des- « tinés à répandre dans les airs, dans les abîmes des mers, et « sur tous les points du globe, la vie et le mouvement, qui « forment le plus bel ornement de la nature (Saint Augustin). »

Croire que la terre et les eaux possèdent en elles-mêmes la propriété de produire des plantes et des animaux, est une erreur grossière, qui ne se réfute pas, les eaux et la terre n'ayant pu donner naissance aux plantes et aux animaux, que parce que Dieu leur a accordé primitivement cette propriété.

« Plantas et animalia producat terra non quasi causa effi- « ciens : hoc est Deus solus, sed tanquam causa materialis,

« quasi dicat : Exorientur, emanent, exurgant, prodeant ani-
« malia et plantæ ex terrâ et aquis (Saint Thomas). »

Dieu n'est intervenu directement que dans la création de son
être privilégié : « faciamus hominem ad imaginem et similitu-
« dinem nostram ; » pour tout le reste, il a voulu : et à sa voix
toutes les merveilles, obéissantes, ont surgi, et suivi le cours
imprimé par sa prévoyante sagesse.

En créant l'homme à *son image* et à *sa ressemblance*, les
plantes et tous les animaux, chacun suivant *son espèce*, Dieu a
manifestement établi l'immutabilité des espèces des deux règnes,
condamnant ainsi par avance toute transformation, toute évo-
lution chimérique et insensée, et autant de mots euphoniques
« qui remplacent des choses éminemment difficiles à acquérir.
« Ne serait-ce pas là, une motif de la vogue du transformisme ?
« Ce mot remplace, entre autres choses, la physiologie tout
« entière, et en particulier la physiologie du cerveau : peut-on,
« en effet, raisonner judicieusement sur la transformation
« possible des espèces, si l'on ne connaît pas les lois générales
« de la physiologie ? Darwin ne paraît pas s'être douté de cette
« nécessité, et il le prouve bien, quand il dit : *Je n'essaierai
« pas non plus de définir l'instinct*. Je le crois bien ! Si Darwin
« eût été en état de définir l'instinct, il n'aurait pas pensé un
« seul instant, que la *sensibilité instinctive*, principe de vie de
« l'animal, put se transformer en *sensibilité intelligente*, prin-
« cipe de vie de l'homme. Les singes ne virent jamais l'*intelli-
« gent*, parce qu'ils étaient singes ; ils n'ont pu l'inventer, parce
« que, pour inventer, il faut être intelligent : l'homme seul
« invente. » (ED. FOURNIÉ : *Essai de Psychologie*, 1877).

Mais Darwin ignore non-seulement la physiologie comparée,
et particulièrement la physiologie encéphalique, mais encore,
étranger à la paléontologie, à cette science qui détruit de fond
en comble, comme un véritable château de cartes, son transformisme, il ignore aussi que l'espèce transformable et l'espèce
transformée ont existé dans le même milieu.

Dans les couches terrestres très-anciennes, on ne trouve, il
est vrai, que des espèces détruites, et alors on peut arguer que
les faits ne contredisent pas, lorsqu'on soutient que les espèces
actuelles sont ces mêmes espèces perfectionnées ou dégénérées,
en un mot, profondément altérées. Mais comme les couches
secondaires et tertiaires offrent simultanément les espèces étein-
tes et les espèces contemporaines, et que, même aujourd'hui,

l'orang et l'homme coexistent, on doit renoncer à cette idée ; car à coup sûr, on ne peut admettre que, dans des circonstances absolument les mêmes, une partie de l'espèce ait subi une altération profonde, tandis que l'autre n'a pas changé. Toute modification tient à un changement des circonstances environnantes, et ces circonstances n'ont pas pu influer sur des individus, sans influer sur d'autres. Si l'on admet que cette influence n'a pas été égale, il faudrait du moins, qu'alors, entre l'espèce éteinte ou ancienne et l'espèce actuelle ou moderne, on trouvât des nuances qui, graduellement, s'éloignent de la première et conduisent à la seconde. Or, jusqu'ici, pas plus Darwin que d'autres, ne nous ont encore signalé ce fait.

Si les êtres vivants n'étaient que de simples transformations, résultant des propriétés aveugles de la matière, et sans qu'aucune direction raisonnée, prévue, leur eût été imprimée, il aurait dû arriver fatalement, que la création se serait épanchée sur la surface du globe, incohérente et désordonnée comme les circonstances qui l'auraient déterminée ; et qu'au lieu de se présenter soumise au plan général d'*une série progressive anatomico-zoologique* qui a l'homme pour terme et pour but, elle n'offrît que l'image irrégulière d'une sorte de carte géographique, dans laquelle figureraient les organisations les plus étranges, les plus monstrueuses réalisations !

De ce que certains naturalistes ont vu que quelques mammifères avaient les membres réunis au moyen d'une expansion de leur peau, sous forme d'ailes, ils ont converti un caractère aussi futile en preuve du passage de ces animaux aux oiseaux ; ils en ont vu d'autres, dont l'arrière-train devient une nageoire, et ils ont admis un passage aux poissons ; ils ont reconnu dans d'autres un ergot cachant une glande vénéneuse, et cela, joint à quelqu'autre caractère, leur a suffi pour établir une transition aux reptiles : de cette manière, ils ont construit leur carte fantastique.

Mais, depuis que des travaux sérieux de naturalistes compétents ont donné des notions exactes sur l'organisation intime des animaux, au point de convaincre que tel animal, obligé de vivre dans l'eau, pour y chercher sa nourriture, n'en conserve pas moins, malgré la disposition spéciale de ses membres et de son arrière-train, une place dans la classe à laquelle il appartient, nous pouvons le comprendre dans la série mentionnée :

en d'autres termes, dans ce plan préconçu, intelligent, en vertu duquel les animaux se compliquent en s'élevant dans leur série respective, par l'apparition de pièces sans analogues chez les animaux inférieurs. Telle, — au lieu de la faire consister dans la formule panthéiste : *Le tout est dans tout*, — nous comprenons, avec de Blainville, l'unité de composition organique.

Si, au contraire, une prévoyante sagesse a créé le monde et ses hôtes, les êtres vivants, une économie essentielle s'y révèle, et nous en fournit l'explication. Régie par une loi d'ordre et d'harmonie, cette économie fait que les êtres divers ne s'enchaînent, ne se transforment pas généalogiquement, mais qu'ils s'échelonnent, se subordonnent les uns aux autres, de telle sorte que les inférieurs sont les conditions des plus élevés, et qu'à chacun d'eux est affectée une destination *finale*.

Le plan de cette merveilleuse économie, les travaux impérissables de Cuvier, Geoffroy-Saint-Hilaire, et de Blainville, l'ont trouvé inscrit indélébile, aussi bien dans les entrailles de la terre qu'à sa surface. Or, s'il est vrai que la *série anatomico-zoologique*, que de Blanville, notre maître, a élaborée et réglée, ne soit que le moyen pour arriver à la plus harmonieuse des formes, la forme humaine, à celle qui, résumant en elle la création tout entière, manifeste le progrès spirituel selon l'intelligence, il faudra bien reconnaître que là où tout indique un but, et où tous les degrés de la série progressive se montrent comme des efforts pour l'atteindre, il faudra bien reconnaître, disons-nous, qu'une *intelligence* a voulu ce but, et que la série animale, négation du matérialisme, constitue l'œuvre à la faveur de laquelle cette intelligence y a marché.

Entre un système de création de l'univers matérialiste et un système spiritualiste, nous n'hésitons pas dans le choix : nous adoptons franchement la cosmogonie mosaïque, non parce que nous la lisons dans nos livres sacrés, mais parce que, seule d'accord avec le véritable savoir, la raison et le bon-sens, elle nous enseigne que la création a été lente, graduée, et non spontanée et subite.

L'ordre et l'ensemble dans lesquels elle nous est déroulée témoignent des dispositions présentées par les choses actuelles et visibles. Nous voyons, en effet, la Puissance céleste se complaire dans des productions successives, s'élever du simple au composé, de la matière à l'instinct, de l'animal à l'homme. Procédant de l'inorganique à l'organisé, elle a fait marcher merveilleusement la vie vers la perfection, donnant à la matière sa place dévolue et nécessaire, et à chaque être une organisation compatible avec le milieu dans lequel il est destiné à vivre et à se propager; et s'il est vrai que la matière ait tout d'abord apparu, que les végétaux et les mollusques aient été les premiers organismes dont nous retrouvons la trace, qu'à leur suite paraissent les poissons vertébrés, les reptiles marins, suivis des mammifères du même genre; qu'après nous voyons arriver les mammifères herbivores, les oiseaux, les reptiles terrestres, et qu'enfin nous rencontrions les carnassiers, ne constatons-nous pas, ce nous semble, dans la paléontologie, la répétition manifeste du narré du premier chapitre de la Genèse?

La paléontologie et la géologie sont dites *Sciences positives*. L'histoire des révolutions du globe, qui prend l'observation pour base, puise ses documents chez elles; d'autre part, dans leurs démonstrations, elles ne se servent que des données fournies par les faits, et les coordonnent suivant les règles de la logique; il faut donc que leurs résultats soient déduits d'une manière non moins sûre qu'évidente.

Or, la géologie et la paléontologie sont proclamées *certaines*; il faut, par une conséquence légitime, que le premier chapitre du Pentateuque porte rigoureusement le cachet d'incontestable certitude, sa lettre concordant à ravir avec ces deux sciences.

Ainsi les débris, les restes des plantes et des animaux des premiers jours ou des premiers âges telluriques de la Bible, enfouis dans le sein de la terre, diffèrent de ceux des jours suivants, et correspondent, à ne pas s'y méprendre, aux vestiges ensevelis durant les époques indiquées par la science; de sorte que, dans la Genèse comme dans la géologie et la paléontologie, nous trouvons rangés, à l'imitation d'étages, les espèces végétales et animales qui, ayant paru à des périodes séparées et distinctes, se laissent retrouver suivant leur ordre d'apparition respective. Il nous semble inutile d'entamer la moindre discussion, pour prouver que, par les six jours de la création, la Bible n'a entendu exprimer autre chose que six époques indéterminées.

Moïse, donc, qui a voulu seulement nous dévoiler l'ordre dans lequel s'est manifestée la création, nous faire connaître et admirer la sagesse et la magnificence de Dieu, a buriné en traits révélés une cosmogonie savante, que, loin de la contester, fortifient les géologues, les naturalistes et les physiciens qui font l'honneur et la gloire de la science moderne!

Mais ce n'est pas seulement encore dans la science que Moïse

laisse entrevoir le cachet de la révélation, car il est impossible de
ne pas rapporter, à une sagesse plus haute que celle du législateur
des juifs, la supériorité des ses institutions sociales sur celles des
nations contemporaines. Les autres législateurs anciens, entourés
de toutes les lumières humaines dont quelques rayons avaient
à peine éclairé la Judée, ne purent éviter l'influence des préju-
gés barbares qu'ils partageaient avec leurs peuples. Moïse seul,
en adoucissant le plus possible la servitude, osa, dans ses Lois,
proclamer le principe de la liberté humaine et de l'égalité fra-
ternelle, avançant plus ainsi la marche de la civilisation que
ne le firent ensemble les sages renommés de l'Egypte et tous
les beaux génies de la Grèce et de Rome. Sous ce rapport, Moïse
a jeté les semences que le christianisme a pu seul féconder. La
gloire et les arts frivoles du Paganisme ne sauraient l'absoudre
du reproche d'avoir chargé l'humanité de chaînes pesantes
quoique dorées. Pour qui juge du bonheur de l'homme par sa
dignité et son indépendance, deux livres seuls en renferment
l'histoire : la Bible et l'Evangile. Les lois que Moïse formula
dans la première, et qu'il donna aux Juifs, pénétrèrent assez
avant dans l'esprit de ce peuple pour en changer le caractère,
et pour lui en imprimer un qu'il semble devoir garder jusqu'à
la consommation de sa destinée. Ces lois ne peuvent être ap-
préciées au poids des institutions humaines. Leur influence,
dès le jour qu'elles furent promulgées, au milieu des tonnerres
et des éclairs, est marquée au sceau d'une autorité que l'esprit
de l'homme ne saurait atteindre dans ses œuvres. Mais c'est
surtout dans la conservation miraculeuse de ces lois, survivant
à l'existence politique de la nation à laquelle elles furent données, qu'il faut reconnaître ce caractère de durée, voisin de
l'éternité, qui n'appartient qu'aux créations échappées des
mains de Dieu. Il n'existe absolument rien de pareil dans l'histoire des autres peuples ; aussi toutes les règles ordinaires ne
sont d'aucune application dans l'étude de cette nation élue. Elle
offre un gouvernement, une politique, une morale qu'il est impossible de condamner, même quand on ne peut ni les comprendre, ni les justifier ; car on y trouve toujours et partout
quelque chose de mystérieux et de supérieur, qui fait reculer la
critique la moins sévère dans la crainte d'une profanation.

Dire comment les Hébreux, sous nos yeux, se sont maintenus
durant tant de siècles dans leur primitive constitution ; expliquer pourquoi la belle police des lois mosaïques s'est arrêtée
sans pouvoir planter ses racines où le christianisme devait

jeter les siennes, assigner la cause de cette infériorité morale, dont la loi judaïque demeure stigmatisée au sein des peuples éclairés de la vraie lumière, ce serait vouloir expliquer la Providence, que nous rencontrons dans tous ces faits voilés de mystères impénétrables.

Dieu, qui avait conduit Israël à travers le désert, soutint par un autre prodige ce peuple, tout le temps qu'il devait servir d'instrument, à l'accomplissement de ses desseins; puis, lorsque l'œuvre fut achevée, l'appui se retira, et l'édifice ne tarda pas à couvrir le monde de ses débris épars et vivants!

Revenant à la révélation, nous allons voir s'incliner devant la religion qui en relève, un esprit élevé, indépendant, qui a fait preuve de discernement et d'impartialité sur toute matière, mais qui jamais ne s'est laissé envahir par ce pyrrhonisme sec et désespérant qui met nos devoirs principaux en discussion et en problème. Sur ce sujet, notre libre-penseur, ne douta ni ne chancela jamais.

Si Montaigne, car c'est ce philosophe que je mets en scène, doute, c'est parce qu'il se défie de lui-même, mais non parce qu'il ne croit pas à l'existence de la vérité. Pour la connaître, ce n'est pas à sa raison, mais *à l'autorité et à la raison divines qui nous règlent, et qui ont leur rang au-dessus de nos vaines contestations,* que l'homme doit recourir.

« Nous sommes nés à quester la vérité, dit-il, il appartient « de la posséder complète, à une plus grande puissance. Ceux-là « se sont donné beau jeu, de notre temps, qui ont essayé de « choquer la vérité de notre Église, par les vices des ministres « d'icelle; elle tire ses témoignages d'ailleurs (de la Révélation), « Il se fault contenter de la lumière qui plaist au soleil nous « communiquer par ses rayons. Et qui eslevera ses yeux pour « en prendre une plus grande dans son corps même, qu'il ne « trouve pas étrange si, pour la peine de son outrecuidance, il « y perd sa vue. C'est aux chrétiens une occasion de croire « que de rencontrer une chose incroyable; elle est d'autant plus « dans *la raison,* qu'elle est contre la raison humaine.

« Je tiens pour absurde et impie, si rien se rencontre igno- « ramment et inadvertamment couché en cette rapsodie (ses « *Essais),* contraire aux saintes résolutions et prescriptions de « l'Église catholique, apostolique et romaine, en laquelle je « meurs et en laquelle je suis né. » (Montaigne, p. 175 à 182).

Singulier sceptique, celui qui nous lègue la profession de

foi que l'on vient de lire! On pourrait objecter qu'on écrit selon son esprit, et qu'on agit suivant son caractère.

Sans rappeler que Buffon a dit : Le style c'est l'homme, il n'y a pas à douter que Montaigne n'ait mis le plus grand accord entre ses principes et ses actions. La piété filiale et l'amitié, par exemple, ces deux nobles sentiments du cœur humain, furent célébrés et pratiqués par notre philosophe. Nous savons avec quel soin touchant, avec quel amour filial il s'attacha à rendre vénérable la mémoire de son père ; son amitié pour La Boëtie n'est ignorée de personne : « Je l'aimais, dit-il, parce que c'était moi. »

Mais la science moderne la plus avancée, par un de ses représentants les plus illustres, ne vient-elle pas de faire acte de foi en la révélation ? Sans doute Claude Bernard, sa vie durant, a pu s'égarer dans les abstractions de la physiologie, mais à son heure dernière, à l'exemple du grand Dupuytren, il a voulu mourir comme Montaigne.

Après en avoir fini avec la révélation, nous allons aussi clore notre débat avec le matérialisme, en le traduisant devant un juge qui prononcera sa condamnation en dernier ressort.

« Disons d'abord, qu'il nous parait difficile qu'un philosophe « soit sincèrement matérialiste. Les panthéistes, les athées, peu- « vent donner à leur manière de voir quelque apparence de rai- « son ; mais le matérialiste ne peut en donner *aucune*. Il y a, et « il y aura toujours le sentiment que nous éprouvons de *l'unité* « *de conscience*, qui doit leur donner son démenti incessant.

« Le philosophe matérialiste est aussi inconséquent que le « physiologiste qui nie les propriétés vitales ; tous les deux, « sans s'en douter, renient l'objet même de la science qu'ils « étudient, et dont ils se disent les adeptes.

« Nous ne connaissons pas d'ailleurs dans le temps présent de « philosophes matérialistes. C'est une supériorité sur les physio- « logistes. » (Ed. Fournié : *Essai de Psychologie*, p. 519.)

Physiologistes auxquels « la doctrine d'Aristote, complétée « par les plus grands docteurs chrétiens du moyen âge, Saint « Thomas d'Aquin en tête, se trouve fournir, non-seulement « la critique spéciale des systèmes, dont ils se font honneur, « mais encore l'enseignement formel des propositions fonda- « mentales sur lesquelles s'élève rationnellement la science de « l'homme comme être vivant et organisé. » (Salles-Girons, *Revue méd. franc. et étrang.*, année 1878,)

Notre exposé et les points de concordance que nous trouvons

entre la science et la Genèse, et dont nous aurions pu indéfiniment élargir le cadre, nous semblent suffisamment : 1° réduire à néant la spontanéité, l'éternité de la matière ; 2° démontrer que la logique, ou art du raisonnement, n'est pas infaillible pour découvrir la vérité, parce que, dans l'ordre physique et dans l'ordre intellectuel, il existe des mystères à jamais impénétrables à la raison humaine ; 3° établir, qu'avec une cause créatrice extra-matérielle, nous devons encore reconnaître : « que la « vérité, l'exactitude du récit de Moïse sont à la fois prouvées par « les nombreux phénomènes du globe ; par l'examen de quel- « ques-unes de ses parties, et par les monuments irrécusables « de la civilisation. » (Géographie de Balbi. T. 1er, p. 87).

« Jusqu'à présent du moins, aucun monument, soit histori- « que, soit astronomique, n'a pu prouver que ce récit fût faux : « mais, au contraire, ils sont tous d'accord avec les résultats « obtenus par les plus savants philologues, les plus habiles « géomètres et les naturalistes les plus distingués. » *Précis d'hist. anc.*, par Poirson et Cayx, p. 14.)

FIN.

Paris. — Typ. Collombon et Brûlé, rue de l'Abbaye, 22.

www.ingramcontent.com/pod-product-compliance
Lightning Source LLC
Chambersburg PA
CBHW061224030726
47595CB00004B/1372